全国计算机等级考试二级教程

Web程序设计

教育部教育考试院

主编　高玉金

参编　桂智明　刘启新

中国教育出版传媒集团

高等教育出版社·北京

内容提要

本书根据教育部教育考试院制订的《全国计算机等级考试二级 Web程序设计考试大纲》的要求编写，是全国计算机等级考试系列教程之一。

本书共分6章，全面覆盖大纲所考核的知识点，主要内容包括 Web技术基础、HTTP基础、HTML语言基础、CSS基础、JavaScript语言基础和动态网页技术基础。为便于读者自我检查，本书各章配有巩固练习的选择题，并在附录部分提供了样题及参考答案。

本书是应试人员考前必备的教材，也可作为一般院校相应课程的教材或自学参考书。

图书在版编目(CIP)数据

全国计算机等级考试二级教程. Web 程序设计 / 教育部教育考试院编. -- 北京 : 高等教育出版社, 2025. 6.
ISBN 978-7-04-065026-6

Ⅰ. TP3

中国国家版本馆 CIP 数据核字第 2025YS0885 号

策划编辑 何新权　　责任编辑 何新权　　封面设计 李树龙　　版式设计 马 云
责任校对 张 薇　　责任印制 刁 毅

Quanguo Jisuanji Dengji Kaoshi Erji Jiaocheng　Web Chengxu Sheji

出版发行 高等教育出版社　　网　　址 http://www.hep.edu.cn
社　　址 北京市西城区德外大街4号　　http://www.hep.com.cn
邮政编码 100120　　网上订购 http://www.hepmall.com.cn
印　　刷 天津嘉恒印务有限公司　　http://www.hepmall.com
开　　本 787mm×1092mm 1/16　　http://www.hepmall.cn
印　　张 10.25
字　　数 240 千字　　版　　次 2025年6月第1版
购书热线 010-58581118　　印　　次 2025年6月第1次印刷
咨询电话 400-810-0598　　定　　价 28.00元

物 料 号 65026-00

积极发展全国计算机等级考试
为培养计算机应用专门人才、促进信息产业发展作出贡献

（序）

第六届全国计算机等级考试委员会主任委员
赵沁平

当今，人类正在步入一个以智力资源的占有和配置，知识生产、分配和使用为最重要因素的知识经济时代，也就是邓小平同志提出的“科学技术是第一生产力”的时代。世界各国的竞争已成为以经济为基础、以科技（特别是高科技）为先导的综合国力的竞争。在高科技中，信息科学技术是知识高度密集、学科高度综合、具有科学与技术融合特征的学科。它直接渗透到经济、文化和社会的各个领域，迅速改变着人们的工作、生活和社会的结构，是当代发展知识经济的支柱之一。

在信息科学技术中，计算机硬件及通信设施是载体，计算机软件是核心。软件是人类知识的固化，是知识经济的基本表征，软件已成为信息时代的新型“物理设施”。人类抽象的经验、知识正逐步由软件予以精确的体现。在信息时代，软件是信息化的核心，国民经济和国防建设、社会发展、人民生活都离不开软件，软件无处不在。软件产业是增长快速的朝阳产业，是具有高附加值、高投入高产出、无污染、低能耗的绿色产业。软件产业的发展将推动知识经济的进程，从注重量的增长向注重质的提高方向发展。软件产业是关系到国家经济安全和文化安全，体现国家综合实力，决定21世纪国际竞争地位的战略性产业。

为了适应知识经济发展的需要，大力促进信息产业的发展，需要在全民中普及计算机的基本知识，培养一批又一批能熟练运用计算机和软件技术的各行各业的应用型人才。

1994年，国家教委（现教育部）推出了全国计算机等级考试，这是一种专门评价应试人员对计算机软硬件实际掌握能力的考试。它不限制报考人员的学历和年龄，从而为培养各行业计算机应用人才开辟了一条广阔的道路。

1994年是推出全国计算机等级考试的第一年，当年参加考试的有1万余人，2024年报考人数达530万人。截至2024年年底，全国计算机等级考试共开考74次，考生人数累计达1.1亿人，超过3 900万人获得了各级计算机等级证书。

事实说明，鼓励社会各阶层人士通过各种途径掌握计算机应用技术，并通过等级考试对他们的能力予以科学、公正、权威性的认证，是一种比较好的、有效的计算机应用人才培养途径，符合我国的具体国情。等级考试同时也为用人部门录用和考核人员提供了一种测评手段。从有关公司对等级考试所作的社会抽样调查结果看，不论是管理人员还是应试人员，对该项考试的内容和形式都给予了充分肯定。

计算机技术日新月异。全国计算机等级考试大纲顺应技术发展和社会需求的变化,从2010年开始对新版考试大纲进行调研和修订,在考试体系、考试内容、考试形式等方面都做了较大调整,希望等级考试更能反映当前计算机技术的应用实际,使培养计算机应用人才的工作更健康地向前发展。

全国计算机等级考试取得了良好的效果,这有赖于各有关单位专家在等级考试的大纲编写、试题设计、阅卷评分及效果分析等多项工作中付出的大量心血和辛勤劳动,他们为这项工作的开展作出了重要的贡献。我们在此向他们表示衷心的感谢!

我们相信,在21世纪知识经济和加快发展信息产业的形势下,在教育部教育考试院的精心组织领导下,在全国各有关专家的大力配合下,全国计算机等级考试一定会以"激励引导成才,科学评价用才,服务社会选材"为目标,服务考生和社会,为我国培养计算机应用型人才的事业作出更大的贡献。

前　　言

随着我国计算机应用的进一步普及和深化，人们已经达成共识：计算机知识是当代人类文化的重要组成部分，计算机应用能力是现代人不可缺少的素质。因此，许多单位把计算机知识和应用能力作为考核和录用工作人员的重要条件，许多人也在努力证实自身在这方面的实力。人们都在寻找一个统一、客观、公正的计算机能力衡量标准。教育部教育考试院组织的"全国计算机等级考试"自 1994 年举办以来，应试人数逐年递增，是深受社会各界欢迎的计算机考试。

随着计算机应用的发展，等级考试的内容也在不断更新。我们根据教育部教育考试院颁布的《全国计算机等级考试二级 Web 程序设计考试大纲》编写了这本教程。二级大纲是按照新的 Web 技术体系设计的。二级主要考查考生对基本 Web 技术基础知识的掌握情况，将来高级别会考查目前主流的三种 Web 技术：JSP、ASP. NET 和 PHP。本书紧扣考试大纲，结构上安排合理、重点突出、难点分散，便于读者由浅入深地逐步掌握，适于自学。

本书共分 6 章，全面涵盖大纲所考核的知识点。第一章简要介绍构成 Web 技术的基础知识，包括 Web 的基本概念、网络域名、HTTP、HTML 语言以及 Web 应用开发技术等；第二章详细介绍 HTTP 的知识，包括 HTTP 的基本概念和交互模型、HTTP 请求消息和响应消息等；第三章详细介绍用于 Web 表现的 HTML 语言；第四章介绍 CSS 样式表；第五章介绍 JavaScript 语言的基本概念和相关编程元素如 BOM 和 DOM；第六章介绍主要的动态编程技术如 JSP、ASP. NET 和 PHP，并介绍了目前比较流行的 AJAX 异步编程技术。

根据大纲要求，二级考试取消笔试部分，全部采用上机考试。为了便于读者适应考试，本书各章配有一定量的适合上机考试的题型——选择题，并在附录部分提供了一套全真样题及参考答案。为便于读者自我检查，书中附录部分给出了各章习题的参考答案。本书配套的电子教案可扫下方二维码下载。

本书由教育部教育考试院组织编写，北京理工大学高玉金主编。其中第一章、第六章以及附录部分由北京理工大学高玉金编写，第二章由清华大学刘启新编写，第三章、第四章和第五章由北京工业大学桂智明编写，全书由北京理工大学高玉金统稿。南京大学黄宜华教授对本书进行了全面审阅。在本书的编写和出版过程中高等教育出版社给予了大力支持，在此表示衷心感谢。

由于编写时间仓促，书中恐有疏漏、不妥之处，敬请读者提出宝贵意见，以便修订时改进。

电子教案下载

编　　者

目　录

第一章　Web技术基础

导入语

本章主要介绍构成 Web 技术的基础知识。学完本章之后,读者可以了解到:什么是 Web 技术,Web 与 Internet 之间的关系,构成 Web 技术的网络技术基础,Web 页面的分类以及相关 Web 服务器的配置,等等。

本章第 1.1 节介绍 Internet 和 Web 技术的基本概念和它们之间的关系,澄清初学者对两者之间关系的混淆。第 1.2 节介绍 Web 技术基础,包括完成 IP 地址到域名转换的 DNS,用于 Web 数据传输的 HTTP 以及构成 Web 页面的 HTML 语言。第 1.3 节介绍 Web 浏览器和服务器的基本概念以及两者之间交互的基本原理。第 1.4 节简要介绍目前主流的 Web 开发架构和开发技术,包括 ASP. NET 和 JSP 技术。第 1.5 节介绍常见 Web 服务器的安装和配置过程。第 1.6 节简单总结 Web 技术的历史和发展。其中第 1.5 节和第 1.6 节属于选读内容,用于指导学生进行实际的服务器配置操作,扩展考试视野,不列入考试内容。最后是本章小结。

考核目标

本章总的考核目标是要求读者理解 Web 工作原理,掌握 Web 技术的基本概念和基础。具体包括:

- ✓ 了解 Internet 与 Web 技术的基本概念
- ✓ 理解 Web 技术的主要组成部分(URL、HTTP、HTML)
- ✓ 理解和掌握 Web 浏览器与服务器的基本概念和工作原理
- ✓ 了解 Web 应用开发构架和开发工具平台

1.1　Internet 与 Web 技术

1.1.1　Internet 简介

Internet 常被称为互联网。Internet 的由来可以追溯到 1962 年,美国国防部为了保证美国本土防卫力量和海外防御武装在受到苏联第一次核打击以后仍然具有一定的生存和反击能力,认为有必要设计出一种分散的指挥系统:它由一个个分散的指挥点组成,当部分指挥点被摧毁后,其他点仍能正常工作,并且这些点之间能够绕过那些已被摧毁的指挥点而继续保持联系。为了对这一构思进行验证,1969 年,美国国防部国防高级研究计划署资助建立了一个名为 ARPANET(阿帕网)的网络,这个网络把位于洛杉矶的加利福尼亚大学分校、位于圣芭芭拉的加利福尼亚大学分校、位于斯坦福的斯坦福大学,以及位于盐湖城的犹他州州立大学的计算机主机连接起来,位于各个结点的大型计算机采用分组交换技术,通过专门的通信交换机和专门的通信线路相互连接。这个阿帕网就是 Internet 最早的雏形。

到 1972 年时,ARPANET 网上的网点数已经达到 40 个,这 40 个网点彼此之间可以发送小文本文件(即现在的 E-mail)和利用文件传输协议发送大文本文件和数据文件(即现在的 FTP)。同时也发现了通过把一台计算机模拟成另一台远程计算机的一个终端而使用远程计算机上的资源的方法(即 Telnet)。E-mail、FTP 和 Telnet 是 Internet 上较早出现的重要应用,特别是 E-mail 仍然是目前 Internet 上最主要的应用之一。

1974 年,TCP/IP 问世。这个协议定义了一种在计算机网络间传送报文(文件或命令)的方法。随后,美国国防部决定向全世界无条件地免费提供 TCP/IP,即向全世界公布解决计算机网络之间通信的核心技术。TCP/IP 核心技术的公开最终导致了 Internet 的大发展。TCP/IP 以其独具的跨平台特性为全球信息化时代的到来架起了桥梁。

1980 年,世界上既有使用 TCP/IP 的美国军方的 ARPANET,也有很多使用其他通信协议的各种网络。为了将这些网络连接起来,TCP/IP 和互联网架构的联合设计者之一的文顿·瑟夫提出一个想法:在每个网络内部各自使用自己的通信协议,在和其他网络通信时使用 TCP/IP。这个设想最终导致了 Internet 的诞生,并确立了 TCP/IP 在网络互联方面不可动摇的地位。

1993 年以后,通过互联网所看到的不再仅仅是文字,互联网开始有了图片、声音和动画,网络内容日益丰富起来,从而形成了目前使用的 Internet。

1.1.2 Web 简介

WWW(World Wide Web)常被称为万维网,简称为 Web。Web 是互联网上的一种应用服务,它使用超文本技术将遍布全球的各种信息资源链接起来,以便于用户访问。Web 上的信息资源格式多样,可包含文本、多媒体甚至应用程序。资源彼此通过超链连接起来,在逻辑上形成了一个遍布全球的巨大的“信息网络”——Web 名称由此而来。

在 Web 系统中,每个有用的信息对象称为一个“资源”,并且用一个全局的统一资源标识符 URI(Uniform Resource Identifier)进行标识。这些资源通过超文本传输协议 HTTP(Hypertext Transfer Protocol)传送给用户,而后者通过单击链接来获得资源。目前 Web 技术由万维网联盟(World Wide Web Consortium,简称 W3C,又称 W3C 理事会)来维护和管理。

Web 已经成为人们日常工作和生活中的常用工具,日常生活中“上网”在大多数情况下是指访问 Web。当然除了访问 Web 外,QQ 聊天、发邮件等也都可称为“上网”。在实际生活中,万维网常被当成互联网的同义词,这是一种误解。严格地说,互联网和 Web 是两个完全不同的概念:互联网是 Web 的基础平台,Web 是互联网平台上的一种应用层服务。除 Web 外,FTP、QQ、E-mail等也是互联网上其他类型的应用层服务。

1.1.3 Web 技术的特点

1. Web 页面具有丰富的多媒体表现特性

Web 非常流行的一个很重要的原因就在于它可以在一页上同时显示色彩丰富的图形、文本和音/视频。在 Web 之前,Internet 上的信息只有文本形式。Web 可以提供将图形、音频、视频信息集成于一体的特性。

2. Web具备超级链接和快速导航能力

HTML语言具有超级链接技术。通过将音频、视频、图形或文本设为"热点"或"热区",在用户单击时就可以快速跳转到用户感兴趣的页面去,就可以快速在各页、各站点之间进行浏览。

3. Web具有平台独立性

无论用户的系统平台是什么,都可以通过Internet访问Web服务器。浏览Web对用户的系统平台没有什么限制。无论从Windows平台、Unix平台、Macintosh还是别的什么平台都可以访问Web。对Web的访问是通过浏览器软件实现的,如Microsoft Internet Explorer、Mozilla Firefox等。

4. Web具有分布自治特性

Web是由不同的Web服务器构成的,每个服务器负责自己提供的数据存放和用户响应。用户只需在浏览器中指明所需网页的网址就可以访问,不需要了解具体的数据存放信息。这使在物理上并不一定在一台计算机上的信息在逻辑上一体化,从用户来看这些信息是一体的。

5. Web具有动态交互特性

在目前的Web应用中,不仅有传统的静态网页,还出现了更多的动态网页。这些网页能够根据用户的个性化信息提供动态的数据展示服务,还可以根据用户的不同反馈信息提供不同的展示。

1.2 Web技术的主要组成

1.2.1 Internet IP地址与网络域名

在以TCP/IP网络协议为主的网络中,机器之间的访问是通过IP地址来进行的。所谓IP地址就是给每个连接在Internet上的主机分配的一个32位的地址。按照TCP/IP规定,IP地址用二进制来表示,每个IP地址长32位,即4个字节。例如一个采用二进制形式的IP地址是"00001010000000000000000000000001",这么长的地址,用户处理起来比较麻烦。为了便于使用,IP地址经常被写成十进制的形式,中间使用符号"."分开不同的字节。于是上面的IP地址可以表示为"10.0.0.1"。IP地址的这种表示法叫作"点分十进制表示法",这显然比1和0容易记忆得多。

由于IP地址是数字标识,使用时难以记忆和书写,因此在IP地址的基础上又发展出一种符号化的地址表示方案,来代替数字型的IP地址。每一个符号化的地址都与特定的IP地址对应,这样网络上的资源访问起来就容易得多了。这个与网络上的数字型IP地址相对应的字符型地址,就被称为域名(Domain Name)。它是由一串用点分隔的名字组成的Internet上某一台计算机或计算机组的名称,用于在数据传输时标识计算机的电子方位(有时也指地理位置),目前域名已经成为互联网的品牌、网上商标保护必备的要素之一。

一个公司如果希望在网络上建立自己的主页或者建立自己的邮件服务器,就必须取得一个域名,域名也是由若干部分组成,包括数字和字母。通过该地址,可以定位到相应的计算机资源。域名是上网单位和个人在网络上的重要标识,起着识别作用,便于他人识别和检索某一企业、组织或个人的信息资源,从而更好地实现网络上的资源共享。除了识别功能外,在虚拟环境下,域名还可以起到引导、宣传、代表等作用。通俗地说，域名就相当于一个家庭的门牌号码，别人通过这个号码可以很容易地找到特定的用户。

以一个常见的域名为例说明。北京理工大学的网址 www. bit. edu. cn 由几部分组成，bit 是这个域名的主体，是 Beijing Institute of Technology 的缩写，而最后的标号“edu. cn”则是该域名的后缀，edu 代表这是一个教育类域名，cn 代表国际域名中的中国域名，是顶级域名。而前面的 www 是主机名，表明这台机器上运行 Web 服务。

域名系统由 DNS 服务器（Domain Name Server）来管理和解析。DNS 规定，域名中的标号都由英文字母和数字组成，每一个标号不超过 63 个字符，也不区分大小写字母。标号中除连字符（-）外不能使用其他的标点符号。级别最低的域名写在最左边，而级别最高的域名写在最右边。由多个标号组成的完整域名总共不超过 255 个字符。

近年来，一些国家也纷纷开发使用由本民族语言构成的域名，如德语、法语等。中国也开始使用中文域名。但可以预计的是，在中国国内今后相当长的时期内，以英语为基础的域名（即英文域名）仍然是主流。

在 IP 地址与 DNS 域名之间的关系上，通常的概念是一个 IP 地址对应于一个 DNS 域名。但在实际应用中，一个 IP 地址可以对应多个域名，例如虚拟主机，在一台物理服务器上可建立多个 DNS 域名用以标识驻留在同一物理服务器上的不同的 Web 应用；反之，一个域名也可以对应多个 IP 地址，例如 Web 负载均衡设计时，可使用不同 IP 地址的多台机器与一个 DNS 域名对应，作为一个 Web 服务器使用。

1.2.2 统一资源定位符 URL

统一资源定位符 URL（Uniform Resource Locator）是用于完整地描述 Internet 上网页和其他信息资源地址的一种标识方法。URL 就是 Internet 上的每一个网页或信息资源都具有一个唯一的名称标识，通常称之为 URL 地址，或 Web 地址，俗称“网址”。它最初是由蒂姆·伯纳斯-李发明用来作为万维网的地址的，现在它已经被万维网联盟编制为因特网标准 RFC1738 了。

统一资源定位符 URL 常见的基本格式为：

```
<访问协议>://<主机名>:<端口号>/<文件路径>
```

例如，http://cms. bit. edu. cn:8080/login. aspx，其中 http 表示访问协议，cms. bit. edu. cn 表示一台主机，该主机上运行用于辅助教学的网络教室，8080 是端口号，而 login. aspx 为 Web 服务器根目录下的文件名。

常用的访问方式有 HTTP（超文本传输协议）、FTP（文件传输协议）等。

对于某些资源在访问时需要给出服务器提供的端口号，但是在一般情况下服务器都采用标准保留端口号，如 HTTP 的保留端口号是 80。对于 URL 的描述，<访问协议>和<主机名>是必需的，<端口号>和<文件路径>有时可以省略。除了以上部分以外，完整的 URL 中在<文件路径>的后部还可以包含“？<查询字符串>#<文档内片段标识>”，其中<查询字符串>用来标识查询参数，而<文档内片段标识>用来标识在一个文档内部进行链接跳转时的跳转位置。

1.2.3 HTTP

HTTP 是 Hypertext Transfer Protocol（超文本传输协议）的缩写。它的发展是万维网协会

(World Wide Web Consortium)和 Internet 工程任务组 IETF(Internet Engineering Task Force)合作的结果,他们最终发布了一系列的 RFC(Request For Comments),其中 RFC 1945 定义了 HTTP/1.0版本。其中最著名的就是 RFC 2616,RFC 2616 定义了今天普遍使用的一个版本——HTTP 1.1。

HTTP 是一种应用层协议,基于标准的客户机/服务器模型。HTTP 在可靠的网络层协议(例如 TCP/IP)的基础上提供了在 Web 服务器和客户机之间传输信息的一种机制,并规定了客户机与服务器之间交互的各种消息格式。通过使用 HTTP,客户机可以从 Web 服务器上下载几乎所有类型的文件,包括 HTML 文件、图像、视频、音频等多媒体文件甚至应用程序;客户机同样也可以向 Web 服务器上传几乎所有类型的信息和文件。通过使用 HTTP,可以将用户在客户机输入的各种信息提交给 Web 服务器,从而实现基于 Web 的动态、交互式应用。

HTTP 通常承载于 TCP 之上,有时也承载于 TLS 或 SSL 协议层之上,此时被称为安全 HTTP,即 HTTPS,用于提供更加安全的数据传输通道。如图 1-1 所示。

HTTP 永远都是客户机发起请求,服务器回送响应,如图 1-2 所示。这样就限制了使用 HTTP,无法实现在客户机没有发起请求的时候服务器将消息推送给客户机。

HTTP 是一个无状态的协议,同一个客户机的这次请求和上次请求之间是没有历史联系的。

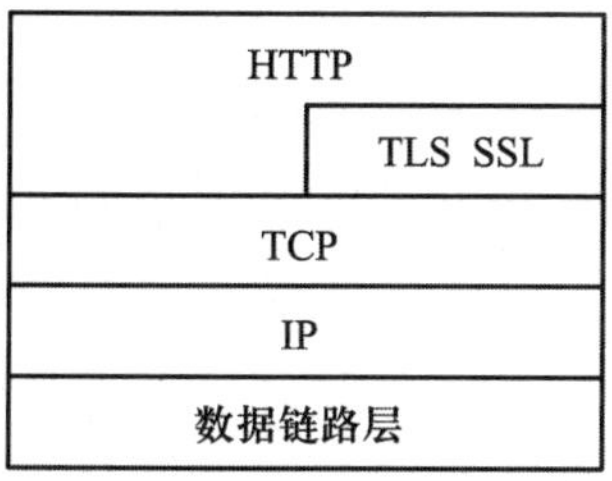

图 1-1 HTTP 位置示意图

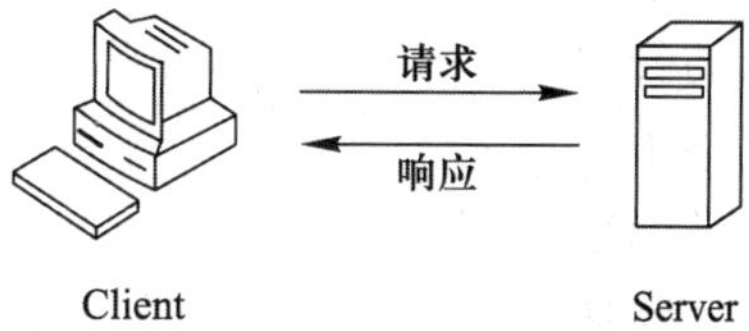

图 1-2 HTTP 工作步骤

一次 HTTP 操作称为一个事务,其工作过程可分为 4 步:

(1) 首先,客户机与服务器需要建立连接。浏览器端用户只要单击某个超级链接,HTTP 的工作就开始了。

(2) 建立连接后,客户机发送一个请求给服务器。请求方式的格式为:统一资源标识符(URL)、协议版本号,后边的信息包括请求修饰符、客户机信息和其他所需的内容。

(3) 服务器接到请求后,给予相应的响应信息。其格式为一个状态行,包括信息的协议版本号、一个成功或错误的代码,后边是 MIME 信息,包括服务器信息、实体信息和可能的内容。

(4) 客户机接收服务器返回的信息,通过浏览器显示在用户的显示屏上,然后客户机与服务器断开连接。

如果在以上过程中的某一步出现错误,那么产生错误的信息将返回到客户机,并显示在浏览器上。对于用户来说,这些过程是由 HTTP 自己完成的,用户只要用鼠标单击,等待信息显示就可以了。

HTTP 的主要特点可概括如下:

(1) 支持客户机/服务器模式。

(2) 简单快速。客户机向服务器请求服务时,只需传送请求方法和路径。请求方法常用的有 GET、HEAD、POST。每种方法规定了客户机与服务器联系的类型不同。由于 HTTP 简单,使得 HTTP 服务器端的程序规模小,因而响应速度很快。

(3) 灵活。HTTP 允许传输任意类型的数据对象。正在传输的类型由 Content-Type 加以标记。

(4) HTTP 1.0 使用非持续连接。在非持续连接下,每个 TCP 只连接一个 Web 对象,连接在每个请求-回应对后都会关闭。HTTP 1.1 使用持续连接,不必为每个 Web 对象创建一个新的连接,一个连接可以传送多个对象。

(5) 无状态。HTTP 是无状态协议。无状态是指协议对于事务处理没有记忆能力。缺少状态意味着如果后续处理需要前面的信息,则它必须重传,这样可能导致每次连接传送的数据量增大。

(6) 支持内容协商。客户机可以通过 HTTP 告诉服务器自己可以接收以何种语言(或字符集)表示的资源。

(7) 可扩展性。HTTP 中通过版本号进行兼容性判断,通过提供 Upgrade 头域来保证与未来协议规范的兼容。

HTTP 1.1 相较于 HTTP 1.0 协议的区别主要体现在:

- 缓存处理。
- 带宽优化及网络连接的使用。
- 错误通知的管理。
- 消息在网络中的发送。
- 互联网地址的维护。
- 安全性及完整性。

1.2.4 HTML 语言

超文本标记语言,即 HTML(Hypertext Markup Language),是用于描述网页文档的一种标记语言。

一个静态网页常对应于一个 HTML 文件,HTML 文件以.htm 或.html 为扩展名。可以使用任何能够生成 TXT 类型源文件的文本编辑软件来产生 HTML 文件。

标准的 HTML 文件都具有一个基本的整体结构,即 HTML 文件的开头与结尾标志和 HTML 的头部与实体两大部分。标记符<HTML>说明该文件是用 HTML 来描述的,它是文件的开头,而</HTML>则表示该文件的结尾,它们是 HTML 文件的始标记和尾标记。

<head>、</head>这两个标记符分别表示头部信息的开始和结尾。头部中包含的标记是页面的标题、序言、说明等内容,它本身不作为内容来显示,但影响网页显示的效果。头部中最常用的标记符是标题标记符和 meta 标记符,其中标题标记符用于定义网页的标题,它的内容显示在网页窗口的标题栏中,网页标题可被浏览器用作书签和收藏清单。

网页中显示的实际内容均包含在<body>、</body>这两个正文标记符之间。正文标记符又称为实体标记符。

简单的 HTML 示例如下:

```
<html>
<head>
<title>我的第一个 HTML 页面</title>
</head>
<body>
<p>body 元素的内容会显示在浏览器中。</p>
<p>title 元素的内容会显示在浏览器的标题栏中。</p>
</body>
</html>
```

HTML 是标准通用标记语言 SGML 下的一个应用,也是一种规范和标准。它通过标记符号来标记要显示的网页中的各个部分。网页文件本身是一种文本文件,通过在文本文件中添加标记符,可以告诉浏览器如何显示其中的内容(如文字如何处理、画面如何安排、图片如何显示等)。浏览器按顺序阅读网页文件,然后根据标记符解释和显示其标记的内容,对书写出错的标记将不指出其错误,且不停止其解释执行过程,编制者只能通过显示效果来分析出错原因和出错部位。但需要注意的是,对于不同的浏览器,对同一标记符可能会有不完全相同的解释,因而可能会有不同的显示效果。因此一些主要的网站服务器都会根据访问者的浏览器类型来返回对应调整后的 Web 页面。

HTML 之所以称为超文本标记语言,是因为文本中包含了所谓"超级链接"。所谓超级链接,就是一种 URL 指针,通过激活(单击)它,可使浏览器方便地获取新的网页。这也是 HTML 获得广泛应用的最重要的原因之一。

网页的本质就是 HTML,通过结合使用其他的 Web 技术(如脚本语言、CGI、组件等),可以创造出功能强大的网页。超文本标记语言(第一版)在 1993 年 6 月作为互联网工程任务组(IETF)工作草案发布(并非标准)。

HTML 2.0 于 1995 年 11 月作为 RFC 1866 发布,在 RFC 2854 于 2000 年 6 月发布之后被宣布已经过时。

HTML 3.2 于 1996 年 1 月 14 日发布,是 W3C 推荐标准。

HTML 4.0 于 1997 年 12 月 18 日发布,是 W3C 推荐标准。

HTML 4.01(微小改进)于 1999 年 12 月 24 日发布,是 W3C 推荐标准。

HTML 5 的第一份正式草案已于 2008 年 1 月 22 日公布,仍在继续完善中。

HTML 5 是用于取代 1999 年所制定的 HTML 4.01 和 XHTML 1.0 标准的 HTML 标准版本,现在仍处于发展阶段,但大部分浏览器已经支持某些 HTML 5 技术。HTML 5 有两大特点:首先,强化了 Web 网页的表现性能。其次,追加了本地数据库等 Web 应用的功能。谈到 HTML 5 时,实际指的是包括 HTML、CSS 和 JavaScript 在内的一套技术组合。它希望能够减少浏览器对于需要插件的丰富性网络应用服务(Plug-in-based Rich Internet Application,RIA),如 Adobe Flash、Microsoft Silverlight 与 Oracle JavaFX 的需求,并且提供更多能有效增强网络应用的标准集。

HTML 文档制作不是很复杂,但功能强大,支持不同数据格式的文件嵌入,这也是 Web 盛行的原因之一,其主要特点如下:

(1) 简易性。HTML 版本升级采用超集方式,从而更加灵活方便。

(2) 可扩展性。HTML 语言的广泛应用带来了加强功能、增加标识符等要求,HTML 采取子类元素的方式,为系统扩展带来保证。

(3) 平台无关性。虽然 PC 机大行其道,但使用 Mac 等其他机器的大有人在。HTML 可以使用在广泛的平台上,这也是 Web 盛行的另一个原因。

1.3 Web 浏览器与服务器

1.3.1 Web 浏览器

浏览器是指运行在用户的机器上用来展现和浏览来自 Web 服务器或者本地文件系统中的 HTML 页面,并让用户与这些页面交互的一种客户机软件。

浏览器主要通过 HTTP 与 Web 服务器交互并获取网页,这些网页由 URL 指定,文件格式通常为 HTML。一个网页中可以包括多个文档,每个文档都是分别从服务器获取的。大部分的浏览器本身支持除了 HTML 之外的广泛的格式,例如 JPEG、PNG、GIF 等图像格式,并且能够扩展支持众多的插件。另外,许多浏览器还支持其他的 URL 类型及其相应的协议,如 FTP、Gopher、HTTPS。HTTP 内容类型和 URL 协议规范允许网页设计者在网页中嵌入图像、动画、视频、声音、流媒体等。

个人计算机上常见的网页浏览器包括微软的 Internet Explorer、Mozilla 的 Firefox、Apple 的 Safari、Opera、Google Chrome、GreenBrowser 浏览器、360 安全浏览器、搜狗高速浏览器、天天浏览器、腾讯 TT、傲游浏览器、百度浏览器、腾讯 QQ 浏览器等。浏览器是最经常使用的客户机程序。常见浏览器的图标如图 1-3 所示。

图 1-3 常见的 Web 浏览器

不同的浏览器有不同的功能,现在的浏览器和网页会有很多功能和技术是以往没有的。因为浏览器开发者之间竞争的出现,使得浏览器技术和 Internet 得以迅速但混乱地扩展。

大部分浏览器都支持如下的标准:

- HTTP 和 HTTPS。
- HTML、XHTML 及 XML(可扩展标记语言)。
- 图形格式如 GIF、PNG、JPEG、SVG。
- CSS(层叠样式表)。
- JavaScript(动态网页 DHTML)。
- Cookie。
- 电子证书。
- Macromedia Flash。

- Java Applet。

……

大部分浏览器具有的基本功能如下：

- 书签管理。
- 下载管理。
- 网页内容缓存。
- 通过第三方插件支持多媒体。
- 网址和表单资料自动完成。
- 分页浏览。
- 收藏夹网络同步。
- 禁止弹出式广告。
- 广告过滤。
- 其他众多附加功能。

随着智能手机的快速发展，手机浏览器也呈快速发展的趋势。手机浏览器是运行在手机上的浏览器，可以通过 GPRS 或 WiFi 进行上网浏览互联网内容。由于受限于手机的屏幕大小、电池容量以及手机处理器等，手机浏览器往往需要服务器进行 Web 页面的优化和数据的压缩处理等。目前智能手机的浏览器主要有 UC 浏览器、Safari、QQ 浏览器、百度手机浏览器、360 浏览器等。

1.3.2 Web 服务器

Web 服务器是指提供 Web 服务的服务器。它首先用来存储网页文件；当用户从浏览器中请求某个网页文件时，Web 服务器将响应该请求，并读出指定的网页文件返回给浏览器。浏览器也可以请求驻留在 Web 服务器上用以产生动态网页的一个程序，Web 服务器将执行该程序并将所产生的动态网页返回给浏览器。服务器（程序）是一种被动程序，只有当 Internet 上其他计算机中的浏览器发出请求时，服务器才会响应。

当 Web 浏览器连到服务器上并请求网页文件或程序时，服务器将处理该请求并将请求的网页文件或者程序所产生的网页返回给该浏览器，附带的信息会告诉浏览器如何查看该文件（即文件类型）。

Web 服务器不仅能够存储信息，还能在用户通过 Web 浏览器提供的信息的基础上运行脚本和程序。

目前主流的 Web 服务器有专用于 Windows 平台的 IIS，以及 Apache 服务器，Tomcat 系列 GlassFish 以及商用的 WebLogic、WebSphere 等。在 Unix 和 Linux 平台下使用最广泛的免费 HTTP 服务器是 Apache 服务器，而 Windows 平台下使用微软公司的 Web 服务器 IIS。

在选择使用 Web 服务器时应考虑的本身特性因素有：性能、安全性、日志和统计、虚拟主机、代理服务器、缓冲服务和集成应用程序等。

1.3.3 Web 工作原理

从本质上讲，Web 系统中用户使用浏览器去访问某一个 Web 服务器，这也是一种客户机/服务器的工作模式。客户机是我们使用的 Internet 上的一个站点上请求 Web 文档的浏览器，Web

服务器则是指保存 Web 信息的计算机,它利用超文本传输协议 HTTP 允许用户在客户机上发出请求,在服务器和浏览器之间传输超媒体信息。浏览器的作用就是把从服务器传回的超媒体信息展现在用户面前,它知道如何去解释和显示在 Web 上找到的用 HTML 语言编写的超文本。

HTML 语言本身包含了各种格式化超文本的方法,从而允许浏览器根据它格式化每一种文本类型,以获得 Web 页面设计者当初设计时的屏幕显示效果。此外,大多数浏览器都可以以插件的方式自动调用其他应用程序,以显示特殊类型的文档如声音或者视频文件格式。

HTTP 定义了 Internet 上超文本的传输协议,它利用了这样一个事实:该协议所检索的文档包含着用户可以进一步检索的连接。当浏览器与远程服务器连接后,它只检索原始信息,然后很快地撤销连接,这种连接是非持续的,它仅当需要把更详尽的信息传送到客户机时才重新打开连接,这样就把对 Internet 的资源占有减小到最低限度。从远程服务器上获取的第一个文档就是起始页(Home Page),它会进一步包含许多指针 URL 指到其他服务器,以此类推,整个 Internet 互相连接成一个有机整体。除此之外,用户也可以在浏览器的地址栏里直接输入用户想要浏览的页面地址,例如,在 IE 浏览器的地址栏中输入 http://jwc. bit. edu. cn/plus/list. php? tid=27,就可以看到北京理工大学教务处有关学生选课的页面。

Web 采取客户机/服务器方式工作,用户想使用 Web,首先得运行 Web 客户机程序(即浏览器)。图形界面的浏览器如 Netscape、IE 等是目前访问 Web 最流行、最普遍的工具。

传统的 Web 服务器一般是根据浏览器的请求返回指定的静态网页,不能根据用户的不同需求实时生成动态页面。为了解决这个问题,早期的解决方案是在服务器端采用一个辅助应用,通过判断客户机提交的参数来选择服务类型。后来开发了 CGI 技术(Common Gateway Interface),就是当 Web 服务器接到 Web 浏览器的某种请求后,Web 服务器自己不做处理,而去调用特定的外部程序,将浏览器传过来的参数传给该外部程序,并将外部程序的执行处理结果返回给浏览器。

CGI 技术在很大程度上解决了动态网页问题,但它的缺点是每次客户机请求都要在服务器上升启一个进程,这样会大大消耗服务器资源。可以优化成:开启服务器进程一次,就处理所有请求。

在 Web 服务器的应用扩展方面,JSP 和 ASP. NET 分别提供了各自更加优秀的解决方案。即在多层框架下,分别提供了不同的工具和技术,如 Servlet 和 Web 容器、Web 服务器、多级缓存模式和代码后置等。

1.4 Web 应用开发技术

1.4.1 Web 基本架构

C/S 是 Client/Server 的缩写。服务器通常采用高性能的 PC、工作站或小型机,并采用大型数据库系统,如 Oracle、Sybase、Informix 或 SQL Server。客户机需要安装专用的客户机端软件,服务器上要安装专门开发的服务器端软件来接收客户机的连接请求。

B/S 是 Browser/Server 的缩写。客户机上只要安装一个浏览器,如 Netscape Navigator 或 Internet Explorer,服务器安装微软的 IIS Web 服务器或 Apache Web 服务器。如果需要连接数据库，则在数据库服务器上可以安装 Oracle、Sybase、Informix 或 SQL Server 等数据库，Web 服务器会通过数据库连接获取数据库中的数据显示给浏览器。在这种结构下，用户界面完全通过 Web 浏览器实现，一部分事务逻辑可以在浏览器端实现，但是主要事务逻辑在服务器端实现。浏览器通过 Web 服务器同数据库进行数据交互。

B/S 结构是 Web 兴起后的一种网络结构模式，Web 浏览器是客户机端最主要的应用软件。这种模式统一了客户机，将系统功能实现的核心部分集中到服务器上，简化了系统的开发、维护和使用。B/S 结构如图 1-4 所示。

系统开发中，C/S 结构中客户机往往可以由 B/S 结构的浏览器及其载体承担，C/S 结构的 Web 应用与 B/S 结构具有紧密联系。大系统和复杂系统中，C/S 结构和 B/S 结构的嵌套也很普遍。

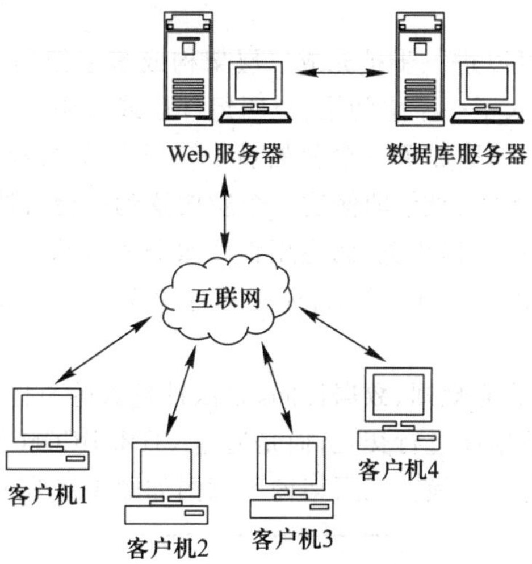

图 1-4 B/S 结构示意图

B/S 架构相对于 C/S 架构来说，具有如下的优势，但随着应用的复杂化，B/S 的应用逐步受到一定的限制。

1. 维护和升级方式简单

目前，软件系统的改进和升级越来越频繁，B/S 架构的产品明显体现出更为方便的特性。在实际应用中如果使用 C/S 结构，系统管理人员就需要在几百甚至上千部计算机上维护客户机，效率和工作量是可想而知的。但 B/S 架构的软件只需要管理服务器就行了，所有的客户机端只是浏览器，几乎不需要做任何的维护。无论用户的规模有多大，有多少分支机构都不会增加任何维护、升级的工作量，所有的操作只需要针对服务器进行；如果是异地，只需要把服务器连接专网即可实现远程维护、升级和共享。所以客户机越来越“瘦”，而服务器越来越“胖”是将来信息化发展的主流方向。维护和升级革命的方式是“瘦”客户机、“胖”服务器。

2. 成本降低，选择更多

信息系统如果采用 B/S 结构，则可以不用限制客户机端的系统平台。如用户有用 Windows 操作系统的，有用 Linux 和 Unix 操作系统的。如果采用 C/S 结构，则开发人员必须开发不同版本的客户机端软件。而如果采用 B/S 结构，因为浏览器在哪个操作系统下都属于基本配置，开发人员只需要维护好服务器端的程序即可,从而极大地减轻了开发成本和维护成本,并给用户更多的选择。

3. 应用服务器运行数据负荷较重

由于B/S架构服务器软件只安装在服务器端,网络管理人员只需要管理服务器就行了,用户界面主要事务逻辑在服务器端完全通过Web浏览器实现,极少部分事务逻辑在浏览器实现,所有的客户机端只有浏览器,网络管理人员只需要做硬件维护。从而导致应用服务器运行负荷较重,因此需要在服务器上进行更多投资,并做好负载平衡和数据安全等工作。

1.4.2 三层与多层架构

在B/S架构的基础上,可以进一步扩充成三层架构或多层架构。所谓的三层架构是在客户机端浏览器与数据库之间加入了一个中间层,也叫组件层或应用层。这里所说的三层架构,不仅仅是指物理上的三层,不是简单地放置三台机器就是三层体系结构,也不仅仅B/S应用才是三层体系架构。三层是指逻辑上的三层,即使这三个层放置到一台机器上也没有关系。

Web服务器传送页面供浏览器浏览,而应用程序服务器提供的是客户机应用程序可以调用的方法,即Web服务器专门处理HTTP请求,应用程序服务器通过很多协议来为应用程序提供商业逻辑。

三层架构的应用程序将业务规则、数据访问、合法性校验等工作放到了中间层进行处理。通常情况下,客户机不直接与数据库进行交互,而是通过COM/DCOM等通信技术与中间层建立连接,再经由中间层与数据库进行交换。三层架构示意图如图1-5所示。

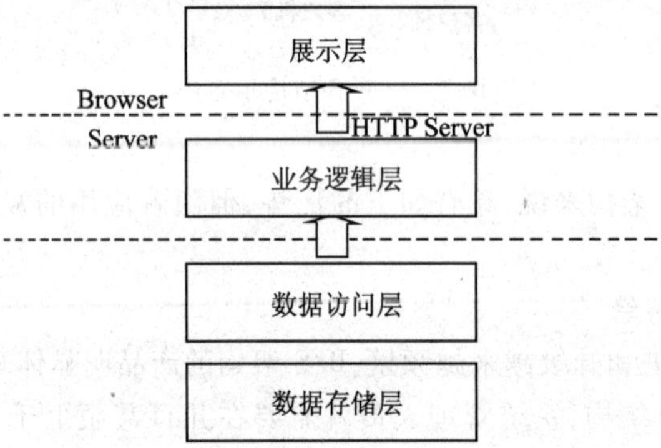

图1-5 三层架构

采用三层架构进行Web系统开发,主要是使项目结构更清楚,分工更明确,有利于后期的维护和升级。

除了系统部署上的三层结构,在软件开发中也使用三层架构的概念,两者联系很紧密。比如开发时按照三层架构开发出不同的软件包被部署在不同的服务器上。三层架构包含:用户界面层(UIL),业务逻辑层(BLL)和数据访问层(DAL)。

- UIL层,即界面层,是用户在使用一个系统时的所见所得。接受用户的输入,并将结果显示给用户。

- BLL 层,针对具体问题的操作,也可以说是对数据层的操作,对业务逻辑进行处理(此层是整个三层架构的核心)。
- DAL 层,该层主要用于数据的访问,直接操作数据库,针对数据库的增、删、改、查(数据的连接和操作均发生在此层)。

在设计三层架构时,往往还需要一个存放实体类的命名空间,此命名空间中的实体类与数据库中的表相对应。实体类不属于三层中的任何一层,它作为层与层之间参数传递的类型出现,将参数封装在实体类中。

Web 从传统的 B/S 结构发展到三层结构,有如下优点:

(1) 开发人员可以只关注整个结构中的其中某一层。

(2) 可以很容易地用新的实现来替换原有层次的实现。

(3) 可以降低层与层之间的依赖。

(4) 有利于标准化。

(5) 利于各层逻辑的复用。

在具体的三层架构应用开发时,可能会导致级联的修改。这种修改尤其体现在自上而下的方向。如果在用户界面层中需要增加一个功能,为保证其设计符合分层式结构,可能需要在相应的业务逻辑层和数据访问层中都增加相应的代码。同时相对于不分层的编程方法,使用三层或多层架构的应用子程序运行效率低,代码量大,难度增加。

软件的多层架构是对三层架构的扩展。多层架构是目前最常用的一种软件架构,但软件系统具体分几层要看软件的规模和实际的需要。无论分几层最终的目的都是:高内聚低耦合,增强软件的灵活性、可扩充性、可移植性。

多层架构与开发语言和技术没有直接的关系。JSP 和 ASP. NET 均可以开发出灵活的多层架构的 Web 程序,图 1-6 为 ASP. NET 开发的三层架构的示意图。

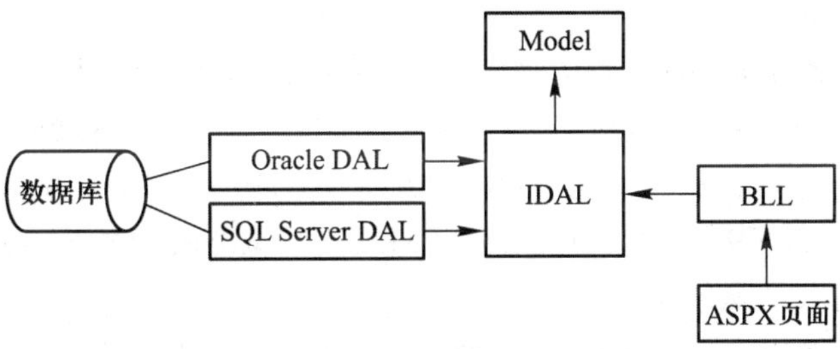

图 1-6 ASP. NET 开发三层架构

1.4.3 JSP 开发技术

JSP(Java Server Pages)是由 Sun Microsystems 公司倡导、许多公司参与一起建立的一种动态网页技术标准。JSP 技术有点类似 ASP 技术,它是在传统的网页 HTML 文件(* . htm、* . html)中插入 Java 程序段(Servlet)和 JSP 标记(tag),从而形成 JSP 文件(* . jsp)。用 JSP 开发的 Web 应用是跨平台的,既能在 Linux 下运行,也能在其他操作系统上运行。

服务器在页面被客户机请求以后对这些 Java 代码进行处理,然后将生成的 HTML 页面返回给客户机端的浏览器。JSP 具备了 Java 技术的简单易用、完全的面向对象、平台无关性且安全可靠、主要面向因特网的所有特点。自 JSP 推出后,众多大公司(如 IBM、Oracle、Bea 公司等)都推出了支持 JSP 技术的服务器,使得 JSP 迅速成为开发商业应用的主流服务器端语言。

JSP 是 Java Servlet 的扩展。由于 Java Servlet 大多是用来响应 HTTP 请求,并返回 Web 页面(如 HTML、XML),所以不可避免地在编写 Servlet 时会涉及大量的 HTML 内容,这给 Servlet 的书写效率和可读性带来很大障碍。JSP 便是在这个基础上产生的,JSP 将程序员从复杂的 HTML 编写中解放出来,更专注于 Servlet 本身的内容。

Servlet(Server Applet),即 Java Servlet,是用 Java 编写的服务器端程序。其主要功能在于交互式地浏览和修改数据,生成动态 Web 内容。Java Servlet 是 JSP 的技术基础,而且大型的 Web 应用程序的开发需要 Java Servlet 和 JSP 配合才能完成。

JSP 句法增加了被称为 JSP 动作的 XML 标记,它们用来调用内建功能。另外,可以创建 JSP 标记库,然后像使用标准 HTML 或 XML 标记一样使用它们。标记库提供了一种和平台无关的扩展服务器性能的方法。

JSP 被 JSP 编译器编译成 Java Servlet。一个 JSP 编译器可以把 JSP 编译成 Java 代码写的 Servlet,然后再由 Java 编译器编译成机器码,也可以直接编译成二进制码。

JSP 在首次被访问的时候被应用服务器转换为 Servlet,在以后的运行中,服务器直接调用这个 Servlet,而不再访问 JSP 页面。JSP 的实质仍然是 Servlet。

一个 JSP 页面可以被分为以下几部分:

- 静态数据,如 HTML。
- JSP 指令,如 include 指令。
- JSP 脚本元素和变量。
- JSP 动作。
- 用户自定义标记。

Web 服务器在遇到访问 JSP 网页的请求时,首先执行其中的程序段,然后将执行结果连同 JSP 文件中的 HTML 代码一起返回给客户机。插入的 Java 程序段可以操作数据库、重新定向网页等,以实现建立动态网页所需的功能。JSP 与 Java Servlet 一样,是在服务器端执行的,通常返回给客户机的就是一个 HTML 文本,因此客户机只要有浏览器就能浏览。其访问步骤是:

- 客户机发送请求至服务器。
- 服务器启动并调用 Servlet,Servlet 根据客户机请求生成响应内容并将其传给服务器。
- 服务器将响应返回客户机。

JSP 技术具有以下优点:

- 一次编写,到处运行。除了系统之外,代码不用做任何更改。
- 系统的多平台支持。基本上可以在所有平台上的任意环境中开发,在任意环境中进行系统部署,在任意环境中扩展。
- 强大的可伸缩性。一个小的 Jar 文件可以运行 Servlet/JSP,多台服务器进行集群和负载均衡中也可以用到 JSP,多台应用服务器进行事务处理和消息处理也可以用到 JSP。
- 多样化和功能强大的开发工具支持。Java 已经有了许多非常优秀的开发工具,而且许多可以免费得到，并且其中许多已经可以顺利地运行于多种平台之下。

- 与早期出现的 CGI 采用多进程执行方式相比，JSP 是一种多线程执行方式，因此其执行效率较高。

- 支持服务器端组件。Web 应用需要强大的服务器端组件来支持，开发人员需要利用其他工具设计实现复杂功能的组件供 Web 页面调用，以增强系统性能。JSP 可以使用成熟的 Java Beans 组件来实现复杂的商务功能。

1.4.4 ASP. NET 开发技术

ASP. NET 是由微软在. NET Framework 框架中所提供的，包含了用于开发 Web 应用程序的类库。这些类库封装在 System. Web. dll 文件中，给用户提供一个 System. Web 命名空间。除此之外，还提供 ASP. NET 网页处理、扩充以及 HTTP 通道的应用程序与通信处理等工作，以及 Web Service 的基础架构。ASP. NET 是 ASP 技术的后继者，但它的发展性要比 ASP 技术要强大许多。

ASP. NET 的前身 ASP 技术，是在 IIS 2.0 上首次推出（随 Windows NT 3.51 发布），当时是与 ADO 1.0 一起推出的，并在 IIS 3.0（随 Windows NT 4.0 发布）中发扬光大，成为服务器端应用程序的热门开发工具，微软还特别为它量身打造了 Visual InterDev 开发工具。在 1994 年到 2000 年之间，ASP 技术已经成为微软推广发展 Windows NT 4.0 平台的关键技术之一，数以万计的 ASP 站点也是这个时候开始如雨后春笋般地出现在网络上。ASP 由于简单易用和高度可定制化的能力得到迅速崛起。

不过随着应用的复杂化，ASP 的缺点也逐渐地浮现出来：

- ASP 是脚本语言混合 HTML 编程，用户很难看清代码的逻辑关系，并且随着程序的复杂性增加，使得代码的管理十分困难。

- 延展性因为其基础架构扩充性不足而受限。在开发一些特殊功能（如文件上传）时，没有来自自身内置的支持，需要寻求第三方软件商开发的组件。

ASP. NET 可以运行在安装了. NET Framework 的 IIS 服务器上，若要在非微软的平台上运行，则需要使用 Mono（一个用于在 Linux 中支持 C#开发的开源软件项目）平台。ASP. NET 在 2.0 版本已经定型，在. NET Framework 3.5 上则加上了许多功能，如 ASP. NET AJAX、ASP. NET MVC Framework、ASP. NET Dynamic Data 与 Microsoft Silverlight 的服务器控件等。

很多人都把 ASP. NET 当作一种编程语言，但它实际上只是一种由. NET Framework 提供的开发平台，并非单纯的编程语言，其文件后缀为. aspx。

ASP. NET 在服务器上运行编译好的公共语言运行库代码。与被解释的 ASP 不同，ASP. NET 可利用早期绑定、实时编译、本机优化和盒外缓存服务，在编写代码行之前就可以显著提高应用程序的性能。

微软在 ASP. NET 中引入了可编程控件的技术，允许以面向对象和事件驱动的编程模型对页面上的控件进行编程。

引入 Code-behind 页面编程模型，将一个页面分为两部分：负责用户界面和数据展现的页面部分，及页面背后负责处理应用业务逻辑、响应和处理用户交互和页面数据内容的编程文件，从而将页面展现与数据内容处理完全分离开来，方便了网页编程。微软公司认为，ASP. NET 具有以下特性：

• 世界级的工具支持。ASP.NET 框架补充了 Visual Studio 集成开发环境中的大量工具箱和设计器。WYSIWYG(What You See Is What You Get,所见即所得)编辑、拖放服务器控件和自动部署只是这个强大的工具所提供功能中的少数几种。

• 威力和灵活性。由于 ASP.NET 基于公共语言运行库,因此 Web 应用程序开发人员可以利用整个平台的威力和灵活性。.NET 框架类库、消息处理和数据访问解决方案都可从 Web 无缝访问。ASP.NET 也与语言无关,所以可以选择最适合应用程序的语言,或跨多种语言分割应用程序。另外,公共语言运行库的交互性保证在迁移到 ASP.NET 时保留基于 COM 的开发中的现有投资。

• 简易性。ASP.NET 使执行常见任务变得容易,从简单的窗体提交和客户机身份验证到部署和站点配置。例如,ASP.NET 页框架使用户可以生成将应用程序逻辑与表示代码清楚分开的用户界面,和在类似 Visual Basic 的简单窗体处理模型中处理事件。另外,公共语言运行库利用托管代码服务(如自动引用计数和垃圾回收)简化了开发。

• 可管理性。ASP.NET 采用基于文本的分层配置系统,简化了将设置应用于服务器环境和 Web 应用程序。由于配置信息是以纯文本形式存储的,因此可以在没有本地管理工具帮助的情况下应用新设置。只需将必要的文件复制到服务器,即可将 ASP.NET 框架应用程序部署到服务器。即使是在部署或替换运行的编译代码时也不需要重新启动服务器。

• 可缩放性和可用性。ASP.NET 在设计时考虑了可缩放性,增加了专门用于在聚集环境和多处理器环境中提高性能的功能。另外,进程受到 ASP.NET 运行库的密切监视和管理,以便当进程行为不正常(泄漏、死锁)时,可就地创建新进程,以帮助保持应用程序始终可用于处理请求。

• 自定义性和扩展性。ASP.NET 随附了一个设计周到的结构,它使开发人员可以在适当的级别"插入"代码。实际上,可以用自己编写的自定义组件扩展或替换 ASP.NET 运行库的任何子组件。

• 安全性。借助内置的 Windows 身份验证和基于每个应用程序的配置,可以保证应用程序是安全的。

1.4.5 其他开发技术

在 Web 服务器开发技术中,处理语言是首先考虑的因素之一。在用于开发 Web 程序的语言和技术中,除了 ASP.NET 和 JSP 外,还有很多其他的开发语言和技术。

本小节主要介绍一种在实际开发中被广泛使用的开发语言 PHP。PHP 是 Hypertext Preprocessor(超文本预处理语言)的缩写,是一种在服务器端执行的嵌入 HTML 文档的脚本语言,其风格类似于 C 语言。

PHP 独特的语法混合了 C、Java、Perl 以及 PHP 自创的语法。它可以比 CGI 或者 Perl 更快速地执行动态网页。用 PHP 做出的动态页面与用其他的编程语言做的动态页面相比,PHP 是将程序嵌入到 HTML 文档中去执行,执行效率比完全生成 HTML 标记的 CGI 要高许多;PHP 还可以执行编译后代码,编译可以达到加密和优化代码运行,使代码运行更快。PHP 具有非常强大的功能,所有的 CGI 的功能 PHP 都能实现,而且支持几乎所有流行的数据库以及操作系统。最重要的是 PHP 可以用 C、C++进行程序的扩展。

PHP 的主要特点是:

- 开放的源代码。所有的 PHP 源代码事实上都可以得到。
- PHP 是免费的。与其他技术相比,PHP 本身是免费的。
- PHP 的快捷性。程序开发快,运行快,技术本身学习快。因为 PHP 可以被嵌入于 HTML 语言,它相对于其他语言,编辑简单,实用性强,更适合初学者。
- 跨平台性强。由于 PHP 是运行在服务器端的脚本,可以运行在 Unix、Linux、Windows 下。
- 效率高。PHP 消耗相当少的系统资源。
- 图像处理。用 PHP 可以动态创建图像。
- 面向对象。在 PHP4、PHP5 中,面向对象方面都有了很大的改进,现在 PHP 完全可以用来开发大型商业程序。

*1.5 Web 服务器的安装与配置

在 UNIX 和 Linux 平台下使用最广泛的免费 Web 服务器是 Apache 服务器,而 Windows 平台使用微软公司的 IIS Web 服务器。在选择使用 Web 服务器时应考虑的本身特性因素有:性能、安全性、日志和统计、虚拟主机、代理服务器、缓冲服务和集成应用程序等。下面介绍两种常用的 Web 服务器的安装与配置。

1.5.1 IIS Web 服务器的安装与配置

IIS 是 Internet Information Server 的缩写,IIS 与 Windows 完全集成在一起,因而用户能够利用 Windows 和 NTFS(Windows 的文件系统)内置的安全特性,建立强大、灵活而安全的 Internet 和 Intranet 站点。

IIS 支持与语言无关的脚本编写和组件,通过 IIS,开发人员就可以开发新一代动态的、富有魅力的 Web 站点。IIS 不需要开发人员学习新的脚本语言或者编译应用程序,IIS 完全支持 VBScript、JavaScript 开发软件以及 Java,它也支持 CGI 和 WinCGI 以及 ISAPI 扩展和过滤器。

IIS 的设计目的是建立一套集成的服务器服务,用以支持 HTTP、FTP 和 SMTP,它能够提供快速且集成了现有产品,同时可扩展的 Internet 服务器。

IIS 的适应性极高,同时系统资源的消耗也是最少的。IIS 的安装、管理和配置都相当简单,这是因为 IIS 与 Windows 操作系统紧密地集成在一起。另外,IIS 还使用与 Windows 相同的 SAM(Security Accounts Manager,安全性账号管理器)。对于管理员来说,IIS 使用诸如 Performance Monitor 和 SNMP(Simple Network Management Protocol,简单网络管理协议)之类的已有管理工具。

IIS 支持 ISAPI。使用 ISAPI 可以扩展服务器功能,而使用 ISAPI 过滤器可以预先处理和事后处理储存在 IIS 上的数据。用于 32 位 Windows 应用程序的 Internet 扩展可以把 FTP、SMTP 和 HTTP 置于容易使用且任务集中的界面中,这些界面将 Internet 应用程序的使用大大简化。IIS 也支持 MIME(Multipurpose Internet Mail Extensions,多用途 Internet 邮件扩展),它可以为 Internet 应用程序的访问提供一个简单的注册项。

在早期版本的 Windows 中,IIS 需要单独安装。但在 Windows 7 中,IIS 已经完全集成到操作系统中去了,不过默认状态是关闭的,如果用户需要开启 IIS 服务器,只需要以下简单几步即可。

第一步:单击“开始”菜单,选择“控制面板”,找到“程序”项。

第二步:在打开的窗口中找到"程序和功能",单击"打开或关闭 Windows 功能",如图 1-7 所示。

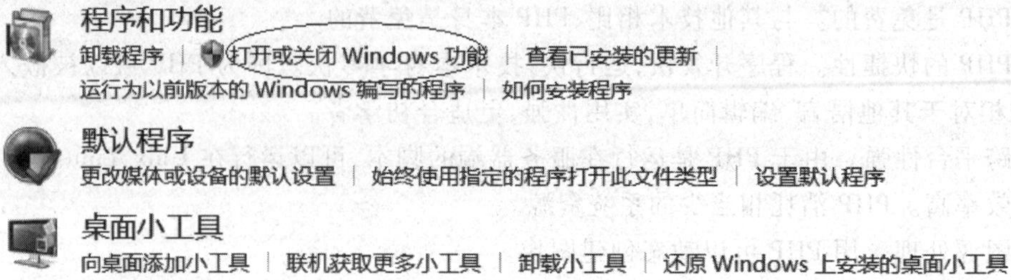

图 1-7 控制面板

用户在单击进入"打开或关闭 Windows 功能"后,系统会加载 Windows 功能列表,如 Internet 信息服务、NFS 服务、Telnet 服务器和 Telnet 客户机等,如图 1-8 所示。

图 1-8 Windows 功能列表

第三步:选中"Internet 信息服务"选项,然后单击"确定"即可。如果用户为高级用户,则可以根据个人需要选择不同的功能。随后系统会自动弹出"Windows 正在更改功能"提示框,这时候用户只需等待一段时间。

第四步:系统提示安装成功后,单击"开始"菜单,在"程序"中找到"管理工具"项,单击就可以看到"Internet 信息服务(IIS)管理器"项,如图 1-9 所示。在这个控制界面中,用户可以启动或停止 IIS 服务,可以添加不同的用户并为他们分配不同的权限,还可以完成其他工作。

第五步:以上操作完成后,为了确保 IIS 7 真正顺利安装还需要进行最后的检验测试工作。这对于今后用户在本地计算机上实现远程站点管理来说起着至关重要的作用。具体步骤很简单:打开 IE 或其他浏览器,在地址栏中输入 http://localhost 后按 Enter 键,就可以看到 IIS7 的图片及各种语言提示。如图 1-10 所示。

在 http://localhost 页面当中,可以看到很明显的一个“IIS7”的欢迎页面,包括中文简体、中文繁体、英文、日文等 23 种语言支持,并且用户可以根据不同语言进入 IIS 7 官方网站了解和学习相关技术。

图 1-9 Internet 信息服务(IIS)管理器

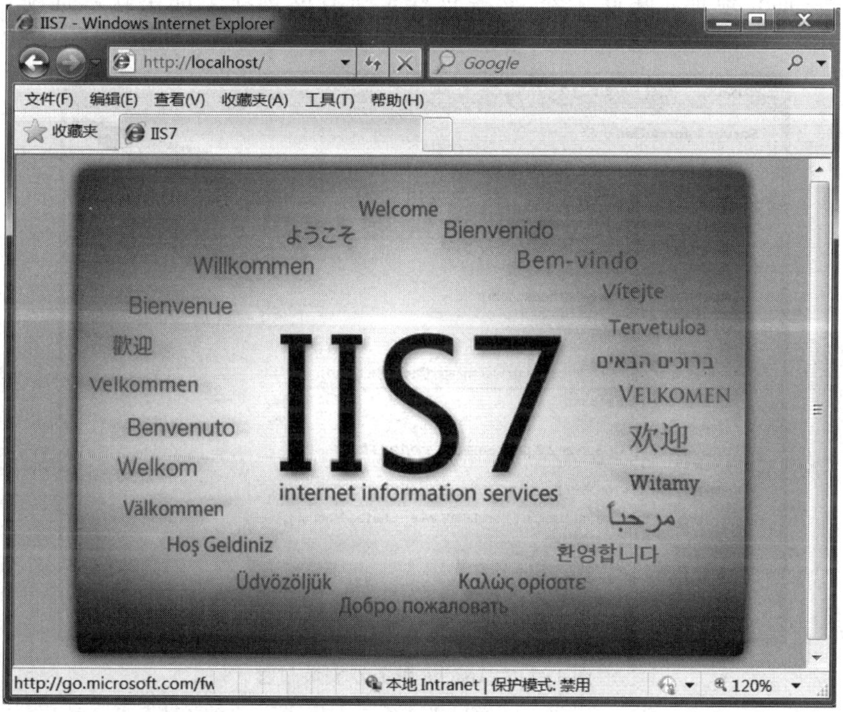

图 1-10 IIS7 默认主页

1.5.2 Apache Web 服务器的安装与配置

Apache 是广泛使用的一款 Web 服务器软件。它可以运行在几乎所有广泛使用的计算机平台上,具有很强的跨平台特性和安全特性。

Apache 的安装比较简单,在 Windows 平台下运行安装文件可以非常顺利地完成安装。Apache有三个配置文件控制着服务器的各个方面的特性,因此为了正常运行服务器便需要设置好这三个文件。

- httpd. conf 提供了最基本的服务器配置,是对守护程序 HTTPD 如何运行的技术描述。
- srm. conf 是服务器的资源映射文件,告诉服务器各种文件的 MIME 类型以及如何支持这些文件。
- access. conf 用于配置服务器的访问权限,控制不同用户和计算机的访问限制。

要想安装和配置 Apache 服务器,可以参考以下步骤。

第一步:下载。

Windows 平台的 Apache 可以在官方网址下载:httpd. apache. org。在上面的网址里请选择后缀为"msi"的安装文件下载。

第二步:安装。

运行下载的 Apache 文件,即可开始安装。Apache 的安装过程很简单,只需在"Network Domain"里输入域,在"Server Name"里输入服务器名。在"Administrator's Email Address"里输入网站管理员的 E-mail 地址。除此之外,安装过程里所有的选项全部用默认选项(如图 1-11 所示)。

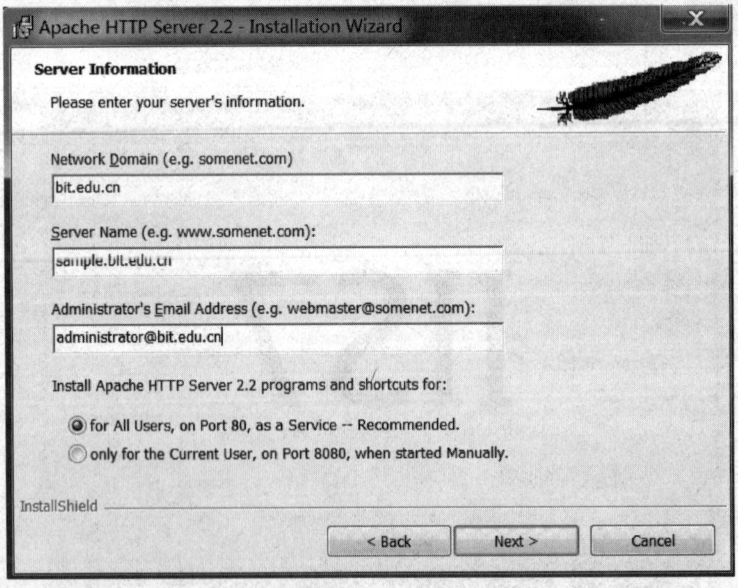

图 1-11 Apache 服务器安装过程

安装结束后,在浏览器地址栏输入 http://localhost(如果在安装过程中选择了特定端口如 8080,则应输入 http://localhost:8080),测试 Apache 是否安装正确。如果看到网页显示"It works!”,就说明安装成功了。

第三步:运行。

Apache 安装后,会在“开始”→“程序”里增加一个“Apache HTTP Server”的组。进入该组,选择“Control Apache Server”→“Start”即可启动 Apache。除此之外,Apache 还会在系统的服务里增加一个 Apache 服务,该服务被设置为系统启动时自动运行。

如果用户需要进一步配置 Apache 服务器,就需要进一步了解 Apache 的配置文件。

Apache 是一个后台运行的程序,没有界面,所有的配置都包含在配置文件里。主配置文件一般是位于程序安装目录下,文件名为 httpd.conf。如果要修改 Apache 的配置,可以用任何一个文本编辑工具(例如记事本)编辑这个配置文件。在配置文件里,以“#”开头的行是注释行。

在配置文件里的基本选项如下:

- #Listen 12.34.56.78 : 80

这两行是 Apache 服务器所使用的 IP 地址和端口。一般来说不需要设置,Apache 会绑定在本机所有 IP 地址的 80 端口上。

- Port 80

Apache 的端口。默认值是 80。

- ServerName test.dnschek.net

Web 服务器的名字。安装时输入的“Server Name”就是保存在这里。

- DocumentRoot "C:\Program Files\Apache Group\Apache\htdocs"

这是网站的根目录。如果想把网站文件存放在“D:\myweb”目录下,可以把 DocumentRoot 后面的目录修改为“D:\myweb”。

- DirectoryIndex index.html

默认首页文件名。在浏览器里输入一个地址(例如 http://test.dnschek.net/)的时候,Apache 会查找这个默认的首页文件并打开。如果要配置多个默认首页文件名,请用空格分开。

- ScriptAlias \cgi-bin\ "C:\Program Files\Apache Group\Apache\cgi-bin\"

CGI 文件存放路径。

*1.6 Web 技术的历史和发展

随着网络时代的到来,网络急速地发展,Web 技术也在不断地推陈出新。技术的发展可以推动社会的发展,而社会的发展又能更新出新的技术,两者相互促进,共同发展,进一步推动人类历史前进的脚步。本节总结一下 Web 技术经历的 3 个阶段。

Web 技术的发展经历了 3 个阶段:静态文档、动态网页、Web 2.0 时代。

1. Web 技术发展的第一阶段——静态文档

通过客户机端的 Web 浏览器,用户可以访问网络上各个 Web 站点,通过 Web 站点上的主页访问整个网站。每一个网页中都有很多信息及相关的链接,用户可以通过这些超文本链接进入到另一个站点或其他的网页中。每一个 Web 站点都是以首页作为站点的入口,由一台主机、Web 服务器及许多 Web 页所组成,其他的 Web 页为支点,形成一个树状的结构。

HTML 提供了控制超文本格式的信息,利用这些信息可以在用户的屏幕上显示出特定设计风格的 Web 页。Web 服务器使用 HTTP 超文本传输协议,将 HTML 文档从 Web 服务器传输到用户的 Web 浏览器上。

这一阶段,Web 服务器基本上只是一个 HTTP 的服务器,它负责客户机端浏览器的访问请求,建立连接,响应用户的请求,查找所需的静态 Web 页面,再返回到客户机。

随着互联网技术的不断发展以及网上信息呈几何级数的增加,人们逐渐发现手工编写包含所有信息和内容的页面对人力和物力都是一种极大的浪费,而且几乎变得难以实现。此外,采用静态页面方式建立起来的站点只能够简单地根据用户的请求传送现有页面,而无法实现各种动态的交互功能。具体来说,静态页面在以下几个方面都存在明显的不足:无法支持后台数据库、无法有效地对站点信息进行及时的更新、无法实现动态显示效果。而这些不足之处,促使 Web 技术进入了发展的第二阶段。

2. Web 技术发展的第二阶段——动态网页

为了克服静态页面的不足,人们将传统单机环境下的编程技术引入互联网络与 Web 技术相结合,从而形成新的网络编程技术。网络编程技术通过在传统的静态页面中加入各种程序和逻辑控制,在网络的客户机端和服务器端实现了动态和个性化的交流与互动。人们将这种使用网络编程技术创建的页面称为动态页面。

从网站浏览者的角度来看,无论是动态网页还是静态网页,都可以展示基本的文字和图片信息,但从网站开发、管理、维护的角度来看就有很大的差别。动态网页以数据库技术为基础,可以大大降低网站维护的工作量;采用动态网页技术的网站可以实现更多的功能,如用户注册、用户登录、在线调查、用户管理、订单管理等;动态网页实际上并不是独立存在于服务器上的网页文件,只有当用户请求时服务器才返回一个完整的网页。

3. Web 技术发展的第三阶段—— Web 2.0 时代

Web 2.0 不是一个具体的事物,而是一个阶段,是促成这个阶段的各种技术和相关的产品服务的一个称呼。第三阶段与前两个阶段有了很大的跨越。

Web 2.0 是以 Flickr、43Things.com 等网站为代表,以 Blog、Tag、SNS、RSS、wiki 等社会软件的应用为核心,依据相关的理论和技术实现的互联网新一代模式。

Web 1.0 到 Web 2.0 就是由网站编辑到全民参与编辑的过程。每个用户都可以在开放的网站上通过简单的浏览器操作而拥有他们自己的数据,人们可以更加方便地进行信息获取、发布、共享以及沟通交流和群组讨论等。每个人都成了新闻或者观点的发布人,通过各种手段,如 Tag、关联、链接等,网站能够最大限度地展示个人的作用,进而激发个人的积极性,人们成为 Web 社会的人,Web 也有了社会性,成了社会化网络。

通过 Web,互联网上的资源可以在一个网页里比较直观地表示出来,而且资源之间在网页上可以链来链去,互联网上海量的信息用机器进行了初步的处理。所以互联网下一步是要让所有的人都忙起来,全民织网,然后用软件、机器的力量使这些信息更容易被需要的人找到和浏览。如果说 Web 1.0 是以数据为核心的网,Web 2.0 则是以人为出发点的互联网。目前网络上出现了一些广受欢迎的 Web 2.0 产品:

- Blog——用户织网,发表新知识,和其他用户内容进行链接,进而非常自然地组织这些内容。
- RSS——用户产生内容自动分发、订阅。

- Podcasting——个人视频/声频的发布/订阅。
- SNS——blog+人和人之间的链接。
- wiki——用户共同建设一个大百科全书。

小结

本章主要介绍了 Web 编程的基础知识,包括 Internet 与 Web 技术、Web 技术的主要组成、Web 浏览器与服务器、Web 应用技术、Web 服务器的安装配置以及简要阐述了一下 Web 技术的历史与发展。

Web 是一种基于客户机/服务器架构,基于 Internet 网络协议的体系机构。它是一种超文本信息系统,存在于 Internet 基础之上。因此不要把 Web 技术等同于 Internet 技术。

Internet 是由各种不同类型、不同规模、独立管理和运营的主机或计算机网络组成的一个全球特大型网络。Internet 使用的网络协议是 TCP/IP,凡是联入 Internet 的计算机都必须安装和运行该协议。TCP/IP 是一个协议集,IP 层负责数据包的寻址和路由等,TCP 层为传输层,负责流量控制等,应用层主要有 HTTP、Telnet、FTP 等。

IP 地址是识别 Internet 主机和网络设备的唯一标识,用点分十进制数字表示,不便于记忆。由此产生了域名系统 DNS,该系统可以把便于识记的域名转换为 IP 地址。Web 信息遍布全球各个主机的不同位置,URL 就是一种说明某种用户所需信息存放在哪台机器的哪个路径下的定位信息。

网页是用 HTML 编制的文档文件,由客户机浏览器向服务器发起请求,服务器发送该文档到浏览器,再由客户机浏览器解释并显示。浏览器和服务器之间的数据传输是通过 HTTP 进行的。HTML 是一种简单的通用标记语言,可以用其制作包含图像、文字、声音等精彩内容的网页。

客户机端编程就是客户机浏览器下载服务器上的程序来执行有关动态服务工作。常见的客户机端编程技术有 VBScript、JavaScript、Java Applet 等。服务器端编程就是将程序员编写的代码保存在服务器端,当用户浏览器提交对某个网页的请求时,这个请求要访问的页面在服务器端执行,并把执行结果以 HTML 文件代码的形式传回给浏览器。常见的服务器端编程技术有 JSP、ASP 和 ASP. NET。

常用的 Web 服务器有微软的 IIS 和 Apache,它们的安装和配置都比较简单,用户可以使用它们的大多数默认配置即可构架一个可运行的 Web 服务器。

习题

选择题

1. 下列关于 Internet 和 Web 的说法中,正确的是

   A. Web 就是 Internet 的别称

   B. Web 是基于 Internet 之上的一个应用服务

   C. Internet 是基于 Web 之上的一个信息系统

   D. Internet 与 Web 没有任何关系

2. 目前在 Internet 上应用最为广泛的服务是

A. FTP 服务 B. Web 服务 C. Telnet 服务 D. Gopher 服务

3. FTP 是一种

A. 文件传输协议 B. 远程登录协议

C. 邮件协议 D. 超文本传输协议

4. Internet 使用的网络协议是

A. TCP B. TCP/IP C. UDP D. IP

5. HTTP 是一种

A. 文件传输协议 B. 邮件协议

C. 远程登录协议 D. 超文本传输协议

6. 浏览器中用于负责向用户界面显示数据的是

A. WWW B. IP 地址 C. HTML D. DNS

7. 下面协议中用于在 Web 浏览器和服务器之间传输 Web 文档的是

A. NFS B. FTP C. HTTP D. DNS

8. Web 上的任何信息,包括文档、图像、图片、视频或音频都被视为资源。为便于引用资源,应给它们分配一个唯一的标识来描述该资源存放于何处及如何对它进行存取,当前使用的命名机制称为

A. URL B. WWW C. DNS D. FTP

9. 下面的技术中,属于客户机端脚本语言的是

A. ASP B. PHP C. Perl D. VBScript

10. 在 URL 中,默认的 Web 服务器的端口是

A. 80 B. 8080 C. 1024 D. 2048

11. 利用 ASP.NET 开发的网页,其文件扩展名应命名为

A. .htm B. .aspx C. .asp D. 无严格限制

12. Web 的工作模式是

A. 客户机/服务器 B. 浏览器/服务器

C. 浏览器/浏览器 D. 浏览器/客户机

13. 域名系统能够实现

A. 域名转换成主机名 B. 主机名转换成域名 C. 主机名转换成 IP 地址 D. 域名转换成 IP 地址

14. 在访问的 URL http://cms.bit.edu.cn:8080/login.aspx 中,http 表示

A. 端口号 B. 文件名 C. 访问协议 D. 主机名

15. 下列关于 HTML 的说法中,正确的是

A. 编制 HTML 文件时不需要加入任何标记(tag)

B. HTML 网页的核心,是一种超文本标记的程序设计语言

C. HTML 是网页的核心,是一种超文本标记的页面描述语言

D. 通过网页浏览器阅读 HTML 文件时,Web 服务器负责解释插入到 HTML 文本中的各种标记

第二章　HTTP基础

导入语

Web 服务①是最常见的 Internet 服务，而 HTTP 是 Web 客户机与服务器之间数据传输的通信协议。Web 服务是典型的客户机/服务器结构的应用。

Web 客户机通常称之为“浏览器”，它们与 Web 服务器使用一个或多个 TCP 连接进行通信。Web 客户机与服务器通信时所采用的协议就是 HTTP。Web 服务器可以通过超文本链接指向另一个 Web 服务器，或者是其他类型的服务器（如 FTP 服务器、Telnet 服务器等）。

通过 HTTP 从 Web 服务器返回给客户机的文档中最常见的就是 HTML（超文本标记语言）文档。Web 服务器还返回其他类型的文档（层叠样式表 CSS、图像、无格式文本等），与 HTML 语言描述的文档一起，构成了丰富多彩的 Web 页面。

本章主要内容为：HTTP 基本概念、协议交互模型、HTTP 消息格式、常用请求方法、消息头和响应状态。

考核目标

✓ 掌握超文本传输协议（HTTP）的基本概念和交互模型

✓ 掌握 HTTP 的消息格式、常用请求方法、消息头和响应状态

✓ 能够初步分析 HTTP 请求消息和响应消息的内容

2.1　HTTP 的基本概念与交互模型

HTTP（Hypertext Transfer Protocol，超文本传输协议）是 Web 客户机与服务器之间数据传输的通信协议，从协议参考模型来看，它是运行于传输层协议 TCP 之上的应用层协议。Web 服务器通常在 TCP 的 80 端口上侦听 HTTP 请求以提供 Web 页面访问服务。Web 浏览器在向 Web 服务器发出 Web 页面访问请求之前，必须通过 TCP/IP 连接到 Web 服务器的侦听端口，然后才能发送 HTTP 请求并获取 HTTP 响应以得到 Wcb 页面进行显示。

2.1.1　HTTP 简介

HTTP 是一种通用的、无状态（Stateless）的应用层协议，基于标准的客户机/服务器模型。HTTP 在可靠的网络层协议（例如 TCP/IP）的基础上提供了在 Web 服务器和客户机之间传输信息的一种机制，并规定了客户机与服务器之间交互的各种消息格式。通过使用 HTTP，客户机可以从 Web 服务器上下载几乎所有类型的文件，包括 HTML 文件、图像、视频、音频等多媒体文件

① 本章所使用的名词“Web 服务”不同于由“Web Service”翻译而来的“Web 服务”。

甚至应用程序;客户机同样也可以向 Web 服务器上传几乎所有类型的信息和文件。通过使用HTTP,可以将用户在客户机端输入的各种信息提交给 Web 服务器,从而实现基于 Web 的动态、交互式应用。

早期用的 HTTP 是 0.9 版的,后来升级为 1.0 版,目前用的是 1.1 版,大多数的服务器为了提供兼容性,一般都能同时支持这几个版本。目前下一代 HTTP-NG(Next Generation of HTTP)正在制定中。

0.9 版的 HTTP 是一种简单的协议,它的设计目的只是用于实现互联网原始数据传输服务,后来发布的版本对此进行了许多功能和扩展性上的完善。

HTTP 1.0 允许消息以类似 MIME(Multipurpose Internet Mail Extensions,多用途 Internet 邮件扩展)的格式传送,支持传送各种格式的数据。但是 HTTP 1.0 没有充分考虑分层代理、高速缓存、稳定连接和虚拟主机等的需求,导致在实际应用中,它在性能和服务扩展性方面受到了很大的限制。

当前较为常用的版本是 HTTP 1.1,这个版本与 HTTP 1.0 相比,功能更加丰富,扩展性更好。

HTTP 是目前网络上使用最为广泛的应用层协议之一,它具有如下鲜明的特点:

• 支持客户机/服务器(Client/Server)模式,开放性好,能充分发挥客户机的计算能力,响应速度快。

• 采用“请求/响应”的交互模式,服务器处于被动等待的状态,只有接收到客户机的请求后才需进行处理并返回响应,使得客户机和服务器的处理逻辑非常简单。

• 协议设计合理、简单、高效。客户机通过 HTTP 向服务器请求服务时,只需传输少量的参数即可。由于 HTTP 简单,使得 HTTP 服务器端的程序规模可以做得很小,通信速度很快。

• 协议设计灵活,扩展性好。HTTP 可以通过扩展新的请求方法来实现新的功能,还可以基于 MIME 传输任意类型的数据对象。

• 无状态(Stateless)。HTTP 是无状态协议,指协议对于事务处理没有记忆能力,这意味着每个请求的处理如果需要用到前面请求或响应中的信息则必须重传,这样可能导致每次连接传送的数据量增大。无状态由于不需要记录之前的信息,因此最大的优势在于服务器处理速度快、效率高。另外,在服务器集群(Cluster)中,HTTP 无状态的特点避免了集群结点间状态同步的开销,性能和效率的优势极其明显。

• 持久连接。在 HTTP 1.0 之前,到服务器的每次连接只处理一个请求,服务器处理完客户机的请求并发送完应答后,即断开连接,这样使得服务器无须记录连接的状态,大大简化了服务器的实现,并且提高了服务器资源的利用率。但这种处理在建立网络连接上效率并不高,在HTTP 1.0开始引入了“保持连接”的选项,客户机与服务器通过协商,使得连接可以重复使用,能提高网络连接的使用效率。但在使用同一个连接的请求之间仍然是无状态关联。在 HTTP 1.1 中持久连接选项已经成为默认打开的选项。

• 支持内容协商(Content negotiation)机制。HTTP 中使用了“内容协商”机制以尽可能地返回对用户而言是“最合适”(指在“媒体类型”“语言”等方面)的资源实体。所谓的“内容协商”是指当资源存在多种表现形式时,从中选择出一种最好形式的过程。有两种实现途径:一种是“服务器驱动”(Server-driven),即客户机给出自己的首选项,而最终的选择由服务器决定;另一种是“客户驱动”(Agent-driven),即服务器给出自己所能够提供的选项,而最终的选择由客户机决定。

由于 HTTP 具有简单、高效等特点，在互联网上得到了非常广泛的应用，除了用于 Web 之外，还常在其他类型应用中作为数据传输协议。

2.1.2 HTTP 交互模型

HTTP 之所以简单易用，原因之一就是它采用了“请求/响应”的交互模型。“请求/响应”交互模型的执行过程如图 2-1 所示。

一个典型的 HTTP 交互过程主要涉及两个主体：HTTP 客户机（以下简称客户机）和 HTTP 服务器（以下简称服务器），主要包括四个步骤：

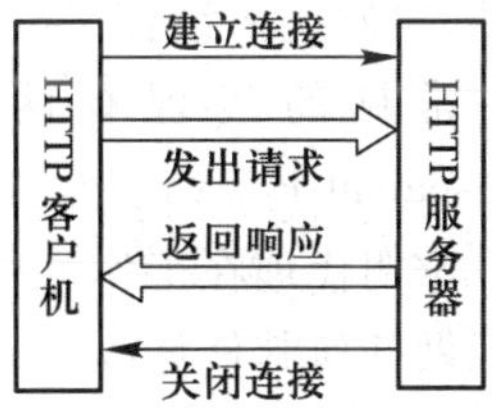

图 2-1 HTTP“请求/响应”交互模型

（1）客户机（例如浏览器）向服务器侦听的 TCP 端口（例如 TCP 80 端口）发起连接，直到客户机和服务器的 TCP 连接正常建立。

（2）客户机通过建立的 TCP 连接向服务器发送一个完整的 HTTP 请求消息，然后等待服务器响应。

（3）服务器收到客户机发来的请求，进行分析和处理，生成 HTTP 响应消息，通过建立的 TCP 连接返回给客户机。

（4）服务器在确认客户机收到响应的消息后，服务器主动关闭连接，释放相关资源。

其中，步骤（4）在 HTTP 1.0 和 HTTP 1.1 之间有些区别。在 HTTP 1.0 中，服务器在确认客户机收到响应的消息就关闭连接，而在 HTTP 1.1 中，由于增加了持久连接（连接重复使用）的支持，服务器在确认客户机收到响应的消息后并不主动关闭连接，而是由客户机决定是否关闭，这样客户机可以继续使用这个连接向服务器发送 HTTP 请求消息。特别需要注意的是，基于 HTTP 的无状态特性，客户机使用同一个连接发送的请求是没有关联的，亦即服务器认为这两个请求等同于发自不同的连接。

在 HTTP 的“请求/响应”交互模型中有两个关键点：

一是客户机在发送请求之前需要主动向服务器建立连接，服务器无法主动向客户机发起连接；

二是需要在客户机向服务器发送 HTTP 请求消息之后，服务器才能返回响应消息，服务器也无法主动向客户机发送数据。

也就是说，在 HTTP 交互过程中，服务器扮演的是“被动”的角色，被动接收连接，被动接收请求并进行处理，客户机的每次请求都是无状态的，这些特性决定了基于 HTTP 的软件系统的部分工作模式和功能。

在 HTTP 实际的应用中，在一些网络条件下，会出现客户机无法直接连接服务器的情况。为了适应这种情况，HTTP 引入了“代理”（Proxy）的概念。

HTTP 代理（以下简称代理）本质上是一个既作服务器又作客户机的中介程序（如图 2-2 所示），它的主要工作就是接收客户机发送的请求消息，转发给服务器，然后接收服务器返回的响应消息，再转发给客户机。它的主要交互过程如下：

（1）客户机建立与代理的 TCP 连接，并发送请求消息。

(2) 代理分析收到的请求消息,如果能自己处理,则直接生成响应消息发送给客户机,否则与服务器建立 TCP 连接,把经过翻译处理的 HTTP 请求消息发送给实际的服务器。

(3) 服务器分析处理请求消息,生成 HTTP 响应消息,返回给代理,并在对方确认收到后关闭连接。

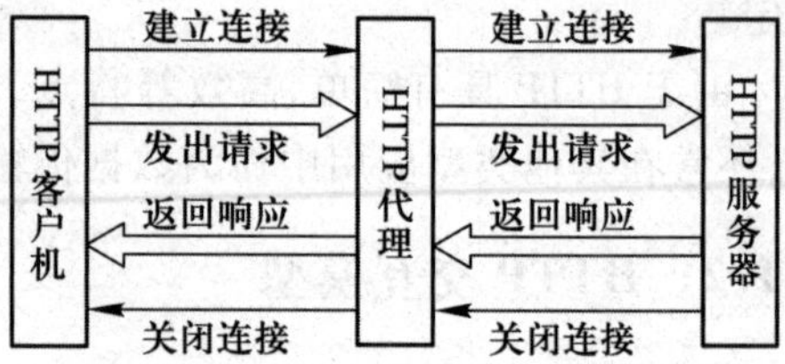

图 2-2 HTTP 代理交互过程

(4) 代理接收到响应消息后,经过必要的分析和处理,再发送回给客户机,并在对方确认收到后关闭连接。

常见的代理有两种:“透明代理”(Transparent Proxy)和“非透明代理”(Non-Transparent Proxy)。

透明代理在工作过程中,除了必要的处理(例如身份认证)之外对 HTTP 请求消息和响应消息不做任何其他修改。

非透明代理则是在工作过程中,会对 HTTP 请求消息和响应进行分析和修改,以提供附加服务支持。附加服务通常有媒体类型转换、协议简化、响应数据压缩等。

2.1.3 HTTP 消息格式

HTTP 的消息有两种类型:请求消息和响应消息。无论是请求消息还是响应消息,都是由“开始行”(start-line)或“状态行”(status-line)、“消息头”(headers)和“消息体”(message-body)构成。

HTTP 消息中的开始行(或状态行)和消息头全都是由直接可阅读的文本构成,并以回车加换行符(称为 CRLF,在 C 语言中表示为“\x0d\x0a”)来结束消息头中的每一行。

在 HTTP 消息中,除了作为行结尾的 CRLF 外,不允许出现单独的回车(CR)或换行(LF)符,但在响应消息中,根据消息实际情况,消息内容中可以出现单独的回车或换行符。

以下是 HTTP 请求和响应消息的例子(每行最后的 CRLF 不特别标出):

客户机请求:

```
GET /hello.html HTTP/1.1
Host: test.website.com
Accept: */*
Connection: keep-alive
User-Agent: Firefox/17.0

```

服务器返回响应:

```
1 HTTP/1.1 200 OK
2 Content-Type: text/html
3 Content-Length: 55
4 Connection: keep-alive
5
6 <html><body>
7 <h1>This is for test. </h1>
8 </body></html>
```

在请求消息中,第 1 行是开始行,第 2 至 5 行是消息头,每行都以 CRLF 结束,第 6 行只有 CRLF(通常称为空行),表示消息头结束,本例子的请求消息没有消息体。本请求消息的含义是客户机向服务器“test.website.com”请求获取“/hello.html”页面。

响应消息的第 1 行是状态行,第 2 至 4 行是消息头,第 5 行空行表示消息头结束,第 6 至 8 行是消息体的内容。本响应消息包含的是服务器返回的 hello.html 页面内容。

例子中每一行的具体含义在下面的章节中继续学习。

2.2 HTTP 请求消息

当客户机与服务器建立 TCP 连接后,客户机首先向服务器发送 HTTP 请求消息。请求消息通常用于客户机向服务器请求获取资源、发送数据或者获取服务器某个状态等。

2.2.1 HTTP 请求消息格式

HTTP 请求消息的格式如下所示:

Start-line	Request-Method Request-URI HTTP-Version CRLF
Headers	Request-Header CRLF(0 个或 n 个)CRLF
	CRLF(空行)
Message-body	Request-body(只对某些 Request-Method 有效)

请求的第一行是开始行,格式为“Request-Method Request-URI HTTP-Version CRLF”,例如“GET /test.html HTTP/1.1”,其中:

- Request-Method 是“请求方法”,常见的取值为 GET、POST、PUT、HEAD 等。
- Request-URI 是“请求 URI”,通常是以“/”开头的字符串。
- HTTP-Version 是发起请求的客户机支持的版本号,常见为 HTTP/1.1 或 HTTP/1.0。

紧跟着开始行的通常是请求的消息头区,由一个或多个消息头(可选,也可以没有消息头)组成,每个消息头为一行文本,以回车换行符结束。在消息头区的最后是一个空行(直接是回车换行符),表示消息头区结束。

在消息头区的后面是消息体。对于大部分请求方法不需要消息体，只有某些特定的请求方法（例如 POST 方法）才需要。

以下是一个典型的 HTTP 请求消息例子：

```
1   POST/action/login.do HTTP/1.1
2   Host:login.website.com
3   Content-Length:29
4   Content-Type:application/x-www-form-urlencoded
5   User-Agent:Mozilla/5.0(Windows NT 6.1) Gecko/20100101 Firefox/16.0
6   Accept: */*
7   Accept-Language:zh-cn,en-us
8   Accept-Encoding:gzip,deflate
9   Connection:keep-alive
10  Referer:http://login.website.com/form/loginform.html
11
12  user = testuser&password = 123456
```

这个例子是浏览器在用户登录表单提交时向服务器发送的 HTTP 请求消息，使用的 Request-Method是 POST，协议版本是 HTTP/1.1，请求中第 2 行至第 10 行是消息头（作用在后面的章节说明），第 11 行是空行，表示消息头结束，第 12 行是消息体，内容是用户在表单上输入的账号和密码数据。

HTTP 请求消息中的消息头将在后面章节继续讲解。

2.2.2 HTTP 请求方法

在 HTTP 请求消息的开始行中，有一个字段表明了本次请求的操作方法，这就是请求方法（Request-Method）。在 HTTP 1.1 中定义的主要请求方法如表 2-1 所示。

表 2-1 HTTP 请求方法

请求方法	主要作用
GET	请求获取 Request-URI 所标识的资源
POST	向 Request-URI 所标识的资源追加提交数据
OPTIONS	请求查询服务器的性能，或查询有关资源的可用选项
HEAD	请求获取 Request-URI 所标识的资源的响应消息报头
PUT	请求以 Request-URI 为标识存储一个资源
DELETE	请求删除 Request-URI 所标识的资源
TRACE	请求回送收到的请求信息，主要用于测试或诊断
CONNECT	请求建立连接隧道，一般在代理中使用

其中 GET 方法和 POST 方法目前使用最广泛，许多用法甚至超出了该方法设计时的本意。以下对常用的请求方法进行介绍。

1. GET 方法

GET 方法用于向服务器请求获取 Request-URI 标识的资源，该资源存放在服务器上，可能是 HTML 文档、图片、音频、视频、程序或其他资源。该资源可以是静态存放在服务器的文件系统中，也可以是服务器在接收到请求后经过处理动态得到的资源。GET 方法除了请求 URI 中可能包含查询参数外，一般不包含消息体，即不会发送其他数据。

服务器在处理 GET 请求时，会根据一些请求头(Header)所指定的条件进行处理。例如判定自从上次传输成功完成之后，资源没有发生变化，则直接告诉客户机"资源未被修改"，无须再次进行内容的传输，节约网络流量，提高效率。

GET 方法获取的资源有可能被客户机浏览器或中间的代理服务器缓存，HTTP 设计在请求头和响应头中提供了相应的 Header 以控制缓存的使用。

当用 GET 方法请求比较大的资源时，可能会出现传输过程中连接中断的情况，HTTP 中设计了断点续传的机制，通过 GET 方法获取资源时可以指定获取的起始点。许多 Web 服务器软件都实现了这个功能。

2. POST 方法

POST 方法的作用是向服务器提交一段数据，请求服务器把该数据与 Request-URI 进行关联。和 GET 方法不同的是：POST 方法通常会包含消息体，消息体中携带客户机需要上传给服务器的数据，例如页面表单(FORM)数据等。

按照 HTTP 的设计，POST 方法常用于以下场景：

- 向已经存在的以 Request-URI 标识的资源追加一段数据，或者增加说明、注释等，指定的资源可以是文件、数据库或者是 BBS 的一个栏目等；
- 以表单的形式向服务器提交数据，Request-URI 指向处理数据的程序。

这是目前向服务器提交数据使用最广泛的方法，很多使用甚至超过了协议设计时所定义的用途。例如客户机需要请求删除服务器以 Request-URI 所标识的资源应该使用 DELETE 方法，而大部分网站在使用时选择采用的是 POST 方法或者 GET 方法，这虽然也能实现同样的功能，但是背离了协议设计的本意，使得协议的功能被混淆，不利于资源的计算机处理①。

3. HEAD 方法

HEAD 方法类似于前面的 GET 和 POST 方法，请求消息和应答消息都很相似。主要的区别在于 GET 方法会返回 Request-URI 所标识的资源内容本身，而 HEAD 方法仅仅返回相关的响应头信息，不返回资源内容。

HEAD 方法常用于测试资源是否存在、是否已经被修改或删除。

4. PUT 方法

PUT 方法的作用是请求以 Request-URI 为标识存储一个资源，如果该资源已经存在，则应当替换原资源的内容。如果 Request-URI 标识的资源不存在，服务器应该创建该资源，并且通知客

---

① 目前，在许多以 RESTful 方式提供 Web 服务的系统中，提倡回归 HTTP 设计的原意，正确使用请求方法。有兴趣的读者可以查阅相关资料。

户机。

在 HTTP 1.1 规范的定义中,POST 方法和 PUT 方法的主要区别在于 Request-URI 所标识对象的含义有所不同。对于 POST 方法,Request-URI 标识的资源应该是消息体的处理程序(Handler),消息体本身可以经过处理后以其他 URI 标识存在;而对 PUT 方法,Request-URI 应该就是标识资源本身,服务器不应该把消息体的数据对应到其他资源上。

5. DELETE 方法

DELETE 方法用于请求在服务器端删除以 Request-URI 标识的资源。服务器通常会删除该资源,或者是把资源转移到一个访问不到的地方。

2.2.3 HTTP 请求 URI

在 HTTP 请求消息第一行中用到了很重要的一个参数"请求 URI"(Request-URI),这是 URI 的一种形式。

URI 的全称是通用资源标识符(Uniform Resource Identifier),主要作用是用于对 Web 上的资源(HTML 文档、图片、音频、视频、程序等)进行准确定位。URI 目前常见有两种形式,一种是 URL(Uniform Resource Locator,统一资源定位符),另一种是 URN(Uniform Resource Name,统一资源名称)。URL 和 URN 是 URI 的子集。在 HTTP 中,请求 URI 采用 URL 的格式,通常为:

```
protocol://host[:port][path][#anchor]
```

其中,protocol 指的是通信采用的应用层协议,在 HTTP 中一般为"http"或"https"(后者表示安全 HTTP);host 是资源所在的主机,可以是主机的域名,也可以是 IP 地址;port 为可选项,表示资源所在主机提供服务的 TCP 端口,HTTP 默认采用 80 端口,当采用默认端口时可以不写;path 是资源的路径,是一个以"/"作为分隔符的字符串,与文件系统表示的路径类似,如果没有指定 path,那么默认是"/";最后是一段可选段,以"#"号开始,anchor 是一个名称,表明了资源内部的一个位置点,指定"#anchor"表明要跳转到资源的指定位置点上。

注意:在 Windows 系统的文件系统中采用"\"为分隔符,在 UNIX 系列的操作系统中文件系统采用"/"分隔符,URI 中采用的是 UNIX 风格。

在实际使用中,URL 分为绝对 URL 和相对 URL。绝对 URL 就是前面描述的全格式的 URL,而相对 URL 不包含任何命名规范的信息,只取 path 部分,它通常表示同一台机器上的资源。在 HTTP 中,由于服务器是被动接受连接提供服务,要访问的资源必然是服务器的资源,所以 Request-URI 采用的是相对 URL 格式。

例如在服务器中提供 HTML 文档,以 URL 形式表示为:

```
http://www.website.com/form/login.html
```

这标识了资源以 HTTP 访问,位于主机 www.website.com,端口默认为 TCP 80 端口,资源在主机上的路径是/form/login.html,用相对 URL 表示的请求 URI 为:

```
/form/login.html
```

在获取这个资源的 HTTP 请求消息的开始行应该为:

```
GET /form/login.html HTTP/1.1
```

2.3 HTTP 响应消息

当服务器收到客户机的请求消息，经过解析和处理后，会生成响应消息，并通过已经建立的TCP 连接发送回客户机。

2.3.1 HTTP 响应消息格式

HTTP 响应消息的格式如下：

Status-line	HTTP-Version Status-Code Reason-Phrase CRLF
Headers	Response-Header CRLF(0 个或 n 个) CRLF
	CRLF(空行)
Message-body	Response-body

请求的第一行是状态行，格式为“HTTP-Version Status-Code Reason-Phrase CRLF”，例如“HTTP/1.1 200 OK”，其中：

- HTTP-Version 是服务器响应的 HTTP 版本号，常见为 HTTP/1.1 或 HTTP/1.0，通常与客户机发送的请求消息中的 HTTP 版本号一致。
- Status-Code 是状态码，它是由服务器返回的标识响应结果状态的代码，状态码由三位数字构成。
- Reason-Phrase 是状态说明，它是一段英文文字，是对状态码的描述。

紧跟着状态行的通常是响应的消息头区，由一个或多个消息头(可选，也可以没有消息头)组成，每个消息头为一行文本，以回车换行符结束。在消息头区的最后是一个空行(直接是回车换行符)，表示消息头区结束。

在消息头区的后面是消息体。这部分才是服务器返回给客户机的数据，通常为 HTML 文档、图片、音频、视频、程序等资源。在一些情况下，只需状态码就能标识服务器对请求的处理结果，消息体可以为空。

以下是一个典型的 HTTP 响应消息的例子。

```
HTTP/1.1 200 OK
Content-Length: 55
Content-Type: text/html
Keep-Alive:timeout=5,max=100
Last-Modified:Sat,01 Jan 2011 11:05:18 GMT

<html><body>
<h1>This is for test. </h1>
</body></html>
```

这个例子是客户机向服务器请求一个 HTML 页面,服务器返回响应结果。第 1 行状态行表示协议版本是 HTTP/1.1,状态码为 200,表示“OK”,即结果正常;第 2 行至第 5 行是响应头,主要表示返回的数据类型为“text/html”,数据长度为 55 字节;第 6 行是空行,表示响应头结束;第 7 ~ 9行是消息体,包含了返回的 HTML 页面的实际内容。

HTTP 响应消息中的消息头将在后面章节继续讲解。

2.3.2 HTTP 响应状态码和状态说明

HTTP 响应消息的第一行是状态行,包含了状态码和状态说明。状态码表示服务器对本次请求处理结果的一个状态,状态说明是以可阅读文字的形式对状态码的描述和说明。状态码便于计算机处理,状态说明便于人们阅读和理解①。

在协议设计中,HTTP 响应消息中的状态码采用 3 位十进制数字表示,其中第一位数字表示响应消息的类别(Class),后面两位数字是序号,没有特别的含义。表 2-2 是第一位数字表示的类别列表。

表 2-2 HTTP 响应状态码类别

响应状态码	类别与作用
1xx	普通信息码。表示请求已经收到,服务器将继续处理
2xx	操作成功码。表示请求已被成功接收、处理并予以响应
3xx	重定向码。客户机需要进一步操作才能完成请求
4xx	客户机错误码。客户机的请求有错误
5xx	服务器错误码。服务器出现错误,无法处理请求

以下是 HTTP 定义的响应码。

1. 普通信息码(1xx)

这一类状态码的目的是告诉客户机,服务器已经收到请求,并将继续处理。本类状态码仅仅是提供信息,客户机不必对它们进行任何操作。本类状态码从 HTTP 1.1 开始定义。

- 100 Continue

响应状态码 100 的描述文字是“Continue”。这条状态码用于告诉客户机,服务器已经准备好接收请求的剩余部分。

在某些情况下,客户机需要向服务器发送消息体,当消息体字节数较大时,客户机可以在发送的消息头中添加选项要求服务器发送 100 响应码,并在消息头发送完毕、消息体发送之前进入等待状态,等待服务器响应 100 状态码以确认服务器已经准备好接收消息体之后再开始消息体的数据传输。这种设计能够减少不必要的数据传输,提高协议效率。

- 101 Switching Protocols

响应状态码 101 的描述文字是“Switching Protocols”。这条状态码用于告诉客户机,服务器同意客户机把当前使用的协议转换为客户机指定的协议。例如,客户机要求把 HTTP 1.0 转换

① 很多应用层协议都采用了这样的格式,例如 FTP、SMTP、POP3 等。

为 HTTP 1.1,而服务器支持 HTTP 1.1,则可以给客户机发送 101 响应码。

2. 操作成功码(2xx)

这一类状态码的目的是告诉客户机,服务器已经收到请求,并且正确处理完毕。处理结果包含在随后的消息头和消息体中。

- 200 OK

响应状态码 200 的描述文字是“OK”。这条状态码用于告诉客户机,请求已经成功处理完毕。根据请求方法不同,响应中包含的内容也不同。

请求方法 GET 的响应,在消息体中包含所请求资源的内容。

请求方法 HEAD 的响应,仅在消息头中包含所请求资源的信息,没有消息体。

请求方法 POST 的响应,在消息体中包含服务器处理的结果的内容。

请求方法 TRACE 的响应,在消息体中包含的是服务器收到请求消息。

- 201 Created

响应状态码 201 的描述文字是“Created”。这条状态码用于告诉客户机,请求已经被成功处理,新的资源已经在服务器成功创建。在响应消息头“Location”中指定所创建新资源的 URI。

服务器必须在返回 201 响应码之前完成新资源的创建,如果不能立即完成,服务器应该返回响应码 202。

- 202 Accepted

响应状态码 202 的描述文字是“Accepted”。这条状态码用于告诉客户机,请求已经被服务器接收并准备或正在处理,但还没有处理完毕。

HTTP 的“请求-响应”交互模型决定了服务器返回了 202 响应码之后,后续不能再返回其他状态码,因此客户机如果需要知道请求的最终处理结果,需要通过发送另外的请求。

- 203 Non-Authoritative Information

响应状态码 203 的描述文字是“Non-Authoritative Information”。这条状态码用于告诉客户机,本响应的信息头不是完全由本服务器产生的,一般是从第三方服务收集得到的。

- 204 No Content

响应状态码 204 的描述文字是“No Content”。这条状态码用于告诉客户机,请求已经处理完成,不需要返回实体信息,只会通过响应消息头返回一些元信息(meta-information)。本响应不包含任何消息体。

- 205 Reset Content

响应状态码 205 的描述文字是“Reset Content”。这条状态码用于告诉客户机,请求已经处理完成,客户机需要恢复所显示的文档(document)到初始状态(reset)。本响应不包含任何消息体。

- 206 Partial Content

响应状态码 206 的描述文字是“Partial Content”。这条状态码一般是在 GET 请求处理之后,用于告诉客户机,服务器返回的资源内容只是全部内容中的一部分,并非完整的内容。例如在客户机下载文件需要断点续传时,会请求服务器返回断点之后的文件内容,这时服务器应该响应状态码 206。

3. 重定向码(3xx)

这一类状态码的目的是告诉客户机需要进行进一步的操作才能完成请求,并且会给进行进一步请求所需要的信息(一般是重定向到的URI),客户机根据此信息应该自动进行下一步操作以完成请求。

客户机在实现时需要设计检测机制,避免由于循环重定向而造成无限死循环。

- 300 Multiple Choice

响应状态码300的描述文字是"Multiple Choice"。这条状态码表明所请求的资源对应于服务器端的多个位置,服务器在响应的消息体中包含了所有位置(URI)的列表,客户机可以从该列表中选择其中之一进行进一步的请求以最终获取到该资源。

- 301 Moved Permanently

响应状态码301的描述文字是"Moved Permanently"。这条状态码表明所请求的资源已经不在请求的URI上,而是永久转移到了新的URI。客户机对这个资源的后续请求都应该转到新的URI上。新的URI将在响应的"Location"信息头中给出,在消息体中应该包含指向新URI的超链接(hyperlink)。

- 302 Found

响应状态码302的描述文字是"Found"。这条状态码表明所请求的资源暂时转向到了另外一个URI上,客户机这一次应该访问新的URI获取该资源,而将来对这个资源的请求仍然应该访问原先的URI。新的URI将在响应的"Location"信息头中给出。

- 303 See Other

响应状态码303的描述文字是"See Other"。这条状态码表明所请求的资源可以在另外一个URI上找到,并且应该通过GET请求方法获取。新的URI将在响应的"Location"信息头中给出,在消息体中应该包含指向新URI的超链接(hyperlink)。

- 304 Not Modified

响应状态码304的描述文字是"Not Modified"。当客户机使用GET请求方法获取资源时,请求中包含了消息头"If-Modified-Since",并且资源并未被修改过,则服务器将返回304状态码,客户机或者代理可以使用缓存(cache)中的资源,如果缓存中不存在该资源,则应该重发不包含消息头"If-Modified-Since"的请求以重新获取完整的资源。

该响应不包含任何消息体。

- 305 Use Proxy

响应状态码305的描述文字是"Use Proxy"。这条状态码表明所请求资源必须通过代理(proxy)才能访问,代理的URI通过响应消息头"Location"给出。客户机收到本响应后应该通过该代理重新请求资源。

- 307 Temporary Redirect

响应状态码307的描述文字是"Temporary Redirect"。这条状态码的含义与302状态码基本相同,主要区别在于针对不同请求方法时的响应(具体细节读者可以查阅相关资料,本教材不做要求)。

4. 客户机错误码(4xx)

这一类状态码的产生通常是因为客户机发出错误的请求导致的,服务器一般会在消息体中给出错误的相关描述,客户机应该把错误描述显示给用户,便于用户处理。

- 400 Bad Request

响应状态码 400 的描述文字是"Bad Request"。返回这条状态码表明客户机发出的请求格式有问题,导致服务器无法处理。

- 401 Unauthorized

响应状态码 401 的描述文字是"Unauthorized"。这条状态码用于告诉客户机,访问该资源之前需要进行用户身份验证(user authentication)。

- 402 Payment Required

本响应状态码保留给未来使用,目前暂时不用。

- 403 Forbidden

响应状态码 403 的描述文字是"Forbidden"。这条状态码表明服务器接收到了请求,但是拒绝处理。通常原因是用户未通过身份验证或是未得到访问该资源的授权。

- 404 Not Found

响应状态码 404 的描述文字是"Not Found"。这条状态码表明客户机所请求的资源不存在,客户机不应该再请求该资源。

- 405 Method Not Allowed

响应状态码 405 的描述文字是"Method Not Allowed"。这条状态码用于告诉客户机,使用当前的请求方法访问该资源不被允许。服务器必须在返回的响应中包含消息头"Allow",给出访问该资源可以使用的请求方法列表。

- 406 Not Acceptable

响应状态码 406 的描述文字是"Not Acceptable"。这条状态码用于告诉客户机,所请求资源的格式与客户机能够接收的格式(MIME 类型)不匹配。

- 407 Proxy Authentication Required

响应状态码 407 的描述文字是"Proxy Authentication Required"。这条状态码类似于状态码 401,不同在于是告诉客户机需要通过代理服务器的身份验证。代理的身份验证通过请求信息头(Proxy-Authenticate)发出。

- 408 Request Timeout

响应状态码 408 的描述文字是"Request Timeout"。这条状态码表明服务器在指定时间内没有收到客户机发送的完整的请求信息。客户机接收到本状态码后可以重发请求。

- 409 Conflict

响应状态码 409 的描述文字是"Conflict"。这条状态码用于告诉客户机,由于与其他请求发生冲突,所以请求的资源或操作无法进行。服务器应该在响应中附加详细的冲突原因,确保用户能够解决该冲突。

- 410 Gone

响应状态码 410 的描述文字是"Gone"。这条状态码用于告诉客户机,所请求的资源已经不存在。这条状态码与 404 的主要区别在于,本状态码能够明确指定的资源已经是永久不存在,客户机不应该再访问该 URI。

- 411 Length Required

响应状态码 411 的描述文字是“Length Required”。当客户机发送的请求消息包含消息体，但未发送消息头“Content-Length”时，服务器返回本状态码，要求客户机重发正确的请求。

- 412 Precondition Failed

响应状态码 412 的描述文字是“Precondition Failed”。当客户机发送的请求消息头中包含一个或多个 If 条件时，服务器返回本状态码告诉客户机哪些条件是 FALSE 结果。

- 413 Request Entity Too Large

响应状态码 413 的描述文字是“Request Entity Too Large”。当客户机发送的请求消息体超过服务器所能处理的最大大小时，服务器返回本状态码。

- 414 Request-URI Too Long

响应状态码 414 的描述文字是“Request-URI Too Long”。当客户机发送的请求消息中 Request-URI 超长时，服务器返回本状态码。

- 415 Unsupported Media Type

响应状态码 415 的描述文字是“Unsupported Media Type”。这条状态码用于告诉客户机，服务器无法处理所发送的消息体的格式。

- 416 Request Range Not Satisfiable

响应状态码 416 的描述文字是“Request Range Not Satisfiable”。这条状态码用于告诉客户机，所发送的对资源的访问范围信息不正确。这通常发生在客户机试图进行断点续传时。

- 417 Expectation Failed

响应状态码 417 的描述文字是“Expectation Failed”。当服务器无法满足客户机发送的请求头“Expect”的内容时，返回本状态码。

5. 服务器错误码(5xx)

这一类状态码的产生通常是因为服务器在处理请求的过程中发生错误，服务器一般会在消息体中给出错误的相关描述，客户机应该把错误描述显示给用户。

- 500 Internal Server Error

响应状态码 500 的描述文字是“Internal Server Error”。当服务器在处理请求的过程中发生无法预知的错误导致无法继续处理时，产生并返回本状态码。

- 501 Not Implemented

响应状态码 501 的描述文字是“Not Implemented”。当服务器未实现客户机所发送的请求方法而无法处理该请求时，返回本状态码。

- 502 Bad Gateway

响应状态码 502 的描述文字是“Bad Gateway”。当服务器作为代理或网关，在接收上级服务器的响应出现错误时，返回本状态码。

- 503 Service Unavailable

响应状态码 503 的描述文字是“Service Unavailable”。当服务器由于负载过重或者因为临时进行维护等情况下无法正常提供服务时，返回本状态码。

- 504 Gateway Timeout

响应状态码 504 的描述文字是“Gateway Timeout”。当服务器作为代理或网关，因为网络中断等原因无法连接上级服务器时，返回本状态码。

- 505 HTTP Version Not Supported

响应状态码 505 的描述文字是“HTTP Version Not Supported”。本状态码表示服务器无法或拒绝处理请求中指定的 HTTP 版本。服务器应该在返回的消息中提供所支持的协议及其版本的列表。

2.4 HTTP 消息头

在 HTTP 请求消息和响应消息中通常都会包含一个或多个消息头(header),消息头通常称为“字段”(Field)。消息头是客户机与服务器进行参数协商、传递参数、描述消息体等的重要实体。

在 HTTP 的设计中,每个消息头的格式如下:

字段名(Field Name):字段值(Field Value)

即一个消息头的字段由字段名、随后的冒号(英文字符冒号)、一个空格和字段值 4 个部分构成。字段名不区分大小写。

在 HTTP 中,服务器将会根据客户机发出的消息头字段进行不同的处理,而客户机对响应中的消息头字段进行解释后,给用户显示出不同的信息。

消息头字段有不同的分类,按所描述的内容,有专用于描述消息体实体数据的字段,也有专用于描述非消息体实体数据的字段;按使用范围,有专用于请求消息的字段,也有专用于响应消息的资源,还有可用于请求消息和响应消息的字段。

在 HTTP 1.1 中,定义了近 50 个可用的消息头字段。对客户机和服务器,作为接收方在接收到未定义的消息头字段,可以直接忽略。

以下介绍一些常用的消息头字段,其他消息头字段可以查阅相关资料,本书不做要求。

2.4.1 内容协商消息头

在 HTTP 所定义的消息头字段中,有一部分用于服务器和客户机之间进行内容协商(Content Negotiation)。

“内容协商”是指当资源存在多种表现形式(包括媒体类型、语言、字符集和编码等方面)时,从中选择对用户而言“最合适”的表现形式的过程。内容协商的对象通常是响应消息中的消息体内容。内容协商的基本过程包含两个步骤。第一步由协商发起方通过消息头提出自己所期望接收资源形式的列表(选项)及其优先级,第二步由接收方根据步骤一的列表以及自身的实际情况进行选择,返回它认为是“最合适”的内容形式。

HTTP 中有两种内容协商的方式:服务器驱动协商(Server-driven Negotiation)和客户驱动协商(Agent-driven Negotiation)。服务器驱动协商由客户机首先给出自己可以接受的选项,最终的选择由服务器决定。客户驱动协商则是由服务器给出自己能提供的选项,最终的选择由客户机决定。

常见的内容协商消息头字段主要有 Accept、Accept-Charset、Accept-Encoding、Accept-Language 以及 Allow。

- Accept 字段

Accept 字段用于请求消息中客户机与服务器协商媒体类型(Media Type)。本字段的取值指明客户机能接受的媒体类型,服务器根据本字段的内容,只发送客户机能接受的媒体类型作为消息体实体内容。

媒体类型的取值格式为:

```
*/*或 type/*或 type/subtype
```

多个媒体类型之间以半角字符逗号“,”分隔,每个媒体类型可以跟随半角字符分号“;”加上一个表达式作为参数。

媒体类型的排列次序及其参数表示客户机期望接收的媒体类型的优先级。

常见的媒体类型有:text/plain(纯文本)、text/html(HTML 文本)、text/css(CSS 文本)image/jpeg(JPEG 图像)、image/gif(GIF 图像)、image/bmp(BMP 图像)、image/png(PNG 图像)、application/xhtml+xml(XHTML 格式数据)、application/xml(XML 格式数据)、application/*(二进制格式数据)、*/*(所有类型数据)等。

以下是某浏览器在发送 GET 请求获取 HTML 文档时所支持的媒体类型:

```
Accept: text/html,application/xhtml+xml,application/xml;q=0.9,*/*;q=0.8
```

按照优先级顺序,表示该客户机希望接受 HTML 文本、XHTML 格式数据、XML 格式数据或其他所有格式数据。

Accept 字段所进行的协商是服务器驱动协商方式。

- Accept-Charset 字段

Accept 字段用于请求消息中客户机与服务器协商采用的字符集(character set)。本字段指明客户机所能接受的字符集,如果服务器能支持所指定的字符集,则协商采用优先级最高的字符集进行处理,否则服务器返回 406 Not Acceptable 响应码。如果请求消息中未包含 Accept-Charset 字段,服务器将默认客户机能接受任意字符集。

本字段取值中可以列入多种字符集,每种字符集之间以半角字符逗号“,”分隔,字符集的排列次序及其参数表示客户机希望接受字符集的优先级。

常用的字符集有:iso-8859-1(英文字符集)、gb_2312-80(简体中文字符集)。

Accept-Charset 字段所进行的协商是服务器驱动协商方式。

- Accept-Encoding 字段

Accept-Encoding 字段用于请求消息中客户机与服务器协商采用的内容传输方式,仅针对消息体的内容。服务器根据客户机可接受的方式列表以及自身所能支持的方式,协商采用优先级最高的方式对返回的消息体内容进行处理。如果客户机提供的方式服务器都不支持,则返回 406 Not Acceptable 响应码。

本字段取值中可以列入多种传输方式,每种方式之间以半角字符逗号“,”分隔,方式的排列次序及其参数表示客户机希望的优先级顺序。

HTTP 中定义的传输方式有 chunked(分块传输)、identity(无变换传输)、gzip(GZIP 压缩后传输)、compress(LZW 压缩后传输)以及 deflate(zip 的 deflate 模式压缩后传输)。

Accept-Encoding 字段所进行的协商是服务器驱动协商方式。

- Accept-Language 字段

Accept-Language 字段用于请求消息中客户机与服务器协商采用的语言。本字段的取值指明了客户机期望接受的语言列表,服务器根据顺序选择最高优先级的语言与客户机交互。如果请求中没有指定 Accept-Language 字段,则默认客户机接受任何语言。

本字段取值中可以列入多种语言,每种语言之间以半角字符逗号“,”分隔,语言的排列次序及其参数表示客户机希望接受的优先级。

常见的语言有:en、en-us、zh、zh-cn。

以下是某浏览器在发送的请求中包含的 Accept-Language 字段:

```
Accept-Language: zh-cn,zh;q=0.8,en-us;q=0.5,en;q=0.3
```

表示客户机希望接受的语言优先级次序为:简体中文、中文、美式英语、英语。

Accept-Language 字段所进行的协商是服务器驱动协商方式。

- Allow 字段

Allow 字段用于响应消息中服务器通知客户机指定资源可以使用的请求方法,客户机在请求该资源时只能使用列表中的请求方法,采用其他请求方法都会导致服务器返回 405 Method Not Allowed 响应码。

以下是使用该字段的例子:

```
Allow: GET, HEAD, PUT
```

表明指定的资源只能允许使用请求方法 GET、HEAD 和 PUT 进行访问。

Allow 字段所进行的协商是客户驱动协商方式。

2.4.2 缓存控制消息头

在 HTTP 实际使用中,为了提高资源的访问速度,通常会采用缓存(Cache)机制,把一些资源临时存放在访问速度较快的地方,例如客户机浏览器本地磁盘、网络速度较快的代理服务器等。当通过 HTTP 访问这些资源时,无须访问远端的实际服务器,而直接从缓存中获取,可以大大提高资源的访问速度。由于缓存中临时存放的资源在原始资源更新之后需要跟随更新,不同的资源更新策略不同,甚至某些资源不允许进行缓存。为此,HTTP 中设计了缓存控制消息头字段,用于指定服务器和客户机的缓存策略。

- Cache-Control 字段

Cache-Control 字段可用于请求消息和响应消息,通过它的取值设定在 HTTP 请求和响应过程中的客户机和服务器(包括中间可能存在的代理)都必须遵循的缓存策略。Cache-Control 字段指定的缓存策略是单向,在响应中设定的缓存控制指令可能会与在请求中设定的控制指令不相同。

在请求消息中,Cache-Control 字段常见的可能取值有 no-cache、no-store 以及 max-age。

如果设定取值为 no-cache,表明在请求的过程中,包括客户机浏览器、可能的代理服务器都不允许使用缓存,不允许缓存请求消息,而是必须向最终的服务器请求资源。

如果设定取值为 no-store,表明请求的信息涉及隐私数据,包括客户机浏览器、可能的代理服务器都不允许缓存请求消息的任何内容。

如果设定取值为 max-age,格式为“max-age=n”,表明本请求内容允许被缓存最多 n 秒,在 n 秒之后该缓存应该失效。

在响应消息中,Cache-Control 字段除了上述三个常见取值之外,通常还可能取值 public 和 private。

如果在响应中设定取值为 public,表明该响应允许在任何缓存设备中进行缓存。

如果在响应中设定取值为 private,表明该响应属于单个用户的独有数据,公共缓存设备(shared cache)不允许对该响应进行缓存,而私有缓存(private cache)可以对其进行缓存。

● Pragma 字段

Pragma 字段可用于请求消息和响应消息,它被设计为不仅仅用于缓存控制,还用于在请求消息或响应消息中传递一些自定义的控制指令,协议要求代理服务应该把所有接收到 Pragma 字段的内容直接转发出去,接收方如无法识别取值中的内容,应该直接忽略。

在 HTTP 中定义的 Pragma 取值为 no-cache。如果在请求消息头中设定了 Pragma 的取值为 no-cache,所有收到此消息的程序无论是否拥有指定资源的缓存,都应该直接把该请求转发给最终服务器。同样,如果在响应消息中进行此项设定,任何接收到本消息的程序都不允许对消息进行缓存。

对于仅支持 HTTP 1.0 的缓存设备或程序,可能无法识别 Cache-Control 字段,只能识别 Pragma 字段。在 HTTP 1.1 中要求,所有支持 HTTP 1.1 的缓存设备应该把客户机发送的消息头"Pragma: no-cache"当作"Cache-Control: no-cache"。

在实际应用中,为了更好地兼容各种缓存设备,通常应该同时设定这两个消息头字段。例如需要禁止服务器的响应被缓存,可以设定:

```
Cache-Control: no-cache
Pragma:no-cache
```

2.4.3 实体描述消息头

在 HTTP 请求消息和响应消息中,都有可能包含消息体作为数据实体。HTTP 中定义了相应的消息头字段描述这些数据实体,这些消息头字段都能用于请求消息和响应消息中。常用的实体描述消息头字段有 Content-Type 和 Content-Length。

● Content-Type 字段

Content-Type 字段用于描述消息中数据实体的媒体类型。该字段的格式为:

```
Content-Type: media-type; parameter
```

其中,media-type 的取值和样例请参考 2.4.1 节"Accept 字段"的相关内容。其后跟随的"; parameter"为可选内容。常见的 parameter 是"charset",描述数据实体使用的字符集。这里的字符集常见取值有:iso-8859-1(英文字符集)、gbk(中文字符集)、utf-8(UTF-8 字符集)等。

例如,浏览器使用 GET 方法获取 HTML 文档,服务器一般返回:

```
Content-Type: text/html; charset=utf-8
```

表明服务器返回的数据实体的媒体类型是 text/html(HTML 文档),采用的是 UTF-8 字符集编码方式。

● Content-Length 字段

Content-Length 字段用于描述消息中数据实体的大小,以字节数(Byte)表示。该字段的格式为:

```
Content-Length:DIGIT
```

其中,DIGIT 是以十进制数表示的数据实体的字节数大小,该大小仅指数据实体部分,不包含消息头等其他部分。

2.4.4 条件控制消息头

为提高协议的交互效率和交互灵活性，HTTP 中设计了一系列的条件（Conditional）控制消息头，在消息中设定一些条件，当条件判定成立（判定结果为 TRUE）时才会执行相关动作。

条件控制消息头通常用于请求消息中，客户机通过设定条件触发服务器的动作，减少不必要的开销。

通常，条件控制消息头字段是名称以“If-”开头的字段。

● If-Match 字段

If-Match 字段用于请求消息，客户机使用本字段控制服务器执行条件，条件判断所依据的对象是请求操作针对的数据实体。该字段的格式为：

```
If-Match: entity-tag
```

其中，entity-tag 是客户机之前从服务器收到 Request-URI 对应资源中的数据实体标记列表。每个标记是一个独有的字符串，包含在半角双引号中。这个标记必须能在服务器端唯一标识该数据实体，即不存在重名的标记。多个 entity-tag 之间以半角字符逗号“,”分隔。如果 entity-tag 设置为“ * ”，则表示能够匹配任意实体（条件判断结果为 TRUE）。

当指定 URI 的资源的数据实体都无法匹配 entity-tag 列表，或者 entity-tag 设置为“ * ”但资源中没有数据实体，则服务器不应该继续处理请求，而应返回 412 Precondition Failed 响应码。

以下是使用本字段的例子：

```
If-Match: "xyzzy", "r2d2xxxx", "c3piozzzz"
If-Match: *
```

在客户机使用 PUT 或 POST 等请求方法执行更新资源的操作时，可以设定 If-Match 字段，防止误修改了其他资源的内容。

HTTP 定义了另外一个“If-None-Match”，与这个字段功能类似，判断条件相反。

● If-Modified-Since 字段

If-Modified-Since 字段用于请求消息，客户机使用本字段控制服务器执行条件，条件判断所依据的对象是请求操作针对的数据实体。该字段的格式为：

```
If-Modified-Since: date-string
```

其中，date-string 是表示时间的字符串。HTTP 描述时间有三种格式，分别是 RFC 1123、RFC 850 和 ANSI C 格式。具体格式本教材不做要求。

如果 Request-URI 指向的资源在 date-string 所表示的时间之后被修改过，则服务器根据请求进行正常的处理，否则返回 304 Not Modified 响应码。

以下是使用本字段的例子：

```
If-Modified-Since: Sat, 29 Oct 1994 19:43:31 GMT
```

这个字段通常用于缓存中资源对象的更新，只有原始资源被修改之后才去更新缓存中的内容，可以减少开销，提高效率。

HTTP 定义了另外一个“If-Unmodified-Since”，与这个字段功能类似，判断条件相反。

2.4.5 其他消息头

在实际使用中,除上述消息头外,HTTP 中还有一些常用的消息头字段。

- Host 字段

Host 字段用于请求消息,指明客户机请求的资源所在的主机及其端口号。Host 字段的使用格式为:

```
Host: host:port
```

其中,Host 是字段名,host 是主机域名或 IP 地址,“:port”是可选项,表示主机提供 HTTP 服务的端口号,如果省略则表示使用默认端口 80。

由于 IPv4 的地址非常有限,通常一台 Web 服务器仅拥有一个合法 IP 地址,并把多个不同的域名(Host Name)指向同一个 IP 地址。为使一台 Web 服务器在同一个 IP 地址和端口上同时为多个域名提供 Web 服务,协议制订者们设计了虚拟主机(Virtual Host)的模式。不同的虚拟主机对应不同的域名,虚拟主机之间依靠 Host 字段的值进行区分。

例如有两个 URL:http://www1.test.com/index.html 和 http://www2.test.com/index.html。其域名 www1.test.com 和 www2.test.com 都指向同一个 IP 地址。客户机浏览器在访问这两个 URL 时都会先与这个 IP 地址的 80 端口建立 TCP 连接,并分别发送请求:

```
GET /index.html HTTP/1.1
Host:www1.test.com
```

和

```
GET /index.html HTTP/1.1
Host:www2.test.com
```

运行 80 端口上的同一个 Web 服务器程序将根据 Host 字段的值不同识别出它们属于不同的虚拟主机,返回的 index.html 文档也会不同。

- Location 字段

Location 字段用于响应消息,主要用于在 3xx 状态码的响应消息中指明重定向后的 URI,在 201 Created 状态码的响应消息中,Location 指明了新创建资源的 URI。Location 字段的格式为:

```
Location: URI
```

其中,URI 可以是绝对路径,也可以是相对路径。如果是相对路径,客户机应根据请求所访问的主机和端口产生绝对路径。

以下是采用绝对路径的例子:

```
Location: http://www.w3.org/pub/index.html
```

以下是采用相对路径的例子:

```
Location: /pub/index.html
```

- Date 字段

Date 字段可用于请求消息和响应消息,表示消息产生的时间。Date 字段的格式为:

```
Date: date-string
```

其中,date-string 是表示时间的字符串,其格式可以参见 2.4.4 节“If-Modified-Since 字段”中的说明。

以下是一个例子：

```
Date: Tue, 15 Nov 1994 08:12:31 GMT
```

- Last-Modified 字段

Last-Modified 字段可用于请求消息和响应消息，描述消息体中数据实体最后被修改的时间。Last-Modified 字段的格式为：

```
Last-Modified:date-string
```

其中，date-string 是表示时间的字符串，其格式参见“Date 字段”。

- User-Agent 字段

User-Agent 字段用于请求消息，它的取值描述了发出请求的客户机的相关信息，该信息可以包括客户机的名称、版本号、所运行的操作系统平台等。服务器可使用本字段的取值进行统计分析，或者提供差异化的服务。

以下是一个例子：

```
User-Agent:Mozilla/4.0 (compatible; MSIE 8.0; Windows NT 6.1)
```

- Referer 字段

Referer 字段用于请求字段，它用于向服务器指明本次请求的 URI 是从哪个 URI 资源中获得的。例如，在某个 HTML 页面中单击其中一个链接(link)，则浏览器客户机在发送请求时会设定 Referer 的取值为该 HTML 页面的绝对 URL。如果 URI 直接在浏览器地址栏中输入，则请求中不包含 Referer 字段。

以下是一个例子：

```
Referer:http://www.w3.org/hypertext/DataSources/Overview.html
```

Referer 字段常用于资源链接关系的分析，另外一个常见的用途是实现“防盗链”。如果网站上的资源禁止被外部网站引用，那么可以在资源的处理程序中增加对 Referer 取值的分析，当取值不是本网站时，返回 403 Forbidden 响应状态码或重定向到其他提示禁止访问的页面。

*2.5　多用途 Internet 邮件扩展

多用途 Internet 邮件扩展(Multipurpose Internet Mail Extensions，MIME)是一种邮件扩展协议，最早应用于电子邮件系统，后来引入到 HTTP 中，用于描述所传输的多媒体类型，使得 HTTP 不仅可以传输普通的文本数据，还可以传输丰富的多媒体数据和其他二进制数据。

2.5.1　MIME 简介

从 RFC 相关标准中可以发现，电子邮件协议与 HTTP 格式非常相似。一封完整的电子邮件由信头和信体(body)构成，信头是必需的，信体可有可无。信头和信体都是由行构成，每行以回车换行符 CRLF 结束。

信头由一系列的头字段组成。头字段的格式为：<字段名><:><字段的值><CRLF>

在早期的电子邮件协议中，信体只能由 7 位 ASCII 字符组成，也就是说，所有字符的 ASCII 值必须在 0～127。这使得通过邮件只能传输 ASCII 字符组成的文本信息，无法支持传输多字节编码文本和二进制格式数据。

为了解决这个问题,电子邮件协议中增加了新的标准 MIME。MIME 在原来的基础上,为信体正文设计了结构,给非 ASCII 的信体指定编码规则,通过这些结构和编码规则,信体可以同时封装多个非 ASCII 的数据实体。

MIME 在原来电子邮件协议标准的基础上,增加了一些头字段。

- MIME-Version

表示 MIME 的版本号。其值的格式为"主版本号.副版本号"。这个版本号可以被识别,从而判断如何处理信件的内容。如果没有这个字段,信体被认为是普通的英文信件。

- Content-description

内容描述,是一个普通的字符串。邮件的接收者可以通过这个字段来判断邮件的内容是否值得花费资源来进行解码。

- Content-Id

内容标号。

- Content-Transfer-Encoding

这个字段用来指出内容的编码方法。在 RFC 中有如下几种可能的值:7bit、8bit、binary、base64、quoted-printable 等。

- Content-Type

指出正文的数据类型。通过这个类型值了解如何对这段数据进行解码并且输出。

Content-Type 的值的格式为:类型/子类型。

Content-Type 分为两大类,即独立媒体类型(Discrete Media Type)和复合媒体类型(Composite Media Type)。在 RFC 2046 中规定了 MIME 的典型媒体类型如表 2-3 所示。

表 2-3 MIME 典型媒体类型

	类型	子类型	描述
独立类型	text	plain	普通文本
		richtext	格式化的文本
	image	gif	GIF 图像
		jpeg	JPEG 图像
	audio	basic	音频
	video	mpeg	MPEG 视频流
	application	octet-stream	无解释的字节序列
		postscript	POSTSCRIPT 文档
复合类型	message	rfc822	一个封装的 RFC 822 消息
		partial	分割传输的消息
		external-body	外部消息,需要额外的网络传输

续表

	类型	子类型	描述
复合类型	multipart	mixed	各部分无关
		alternative	不同格式的统一消息
		parallel	各部分必须同时浏览
		digest	每部分是一条完整的消息

在复合类型的媒体中，multipart 表示 MIME 封装的内容是由多个部分组成的，各部分之间有明确的界限。

mixed 子类型允许各部分相互独立，每个部分可以是一条独立的消息。

alternative 子类型中，各部分是对一条消息的不同编码。例如同一个内容使用图片和文本两种方式来编码，如果接收者没有图形用户界面，也可以从文本的编码中得到邮件的内容。

parallel 子类型指各部分必须同时播放，例如一个电影的音频和视频。

当许多消息被封装为一条消息时，则需要使用 digest 类型。

2.5.2　MIME 在 HTTP 中的应用

为了使 HTTP 不仅能传输文本数据，还能传输二进制格式数据，HTTP 的设计借鉴了 MIME 的设计思想，主要表现在：

- 在消息头字段中，设计了专门用于描述消息体数据实体的字段（参考 2.4.3 小节），使得通过 HTTP 可以传输格式丰富的各种类型数据；
- 消息体的媒体类型 Content-Type 可以指定为 MIME 的复合类型“multipart”，使得在一个 HTTP 消息体中可以封装一个或多个数据实体。

在第 2 种应用方式下，消息头字段 Content-Type 除需要指定为 multipart 类型外，还需要设定参数 boundary 的值，其格式为：

```
Content-Type:multipart/subtype; boundary=random-string
```

其中，subtype 是 multipart 媒体类型的子类型，常用的有 mixed、form-data，如果不设定或者出现不认识的 subtype 则默认为 mixed。random-string 是一串随机长字符串，作为消息体中多个数据实体的分隔线。

每个数据实体本身的格式遵循 MIME 定义的标准，即包含实体头和实体（body），实体头由一系列的头字段组成。常用的字段都是以“Content-”开头的字段。

在所有数据实体的最后，必须包含一个 boundary 设定的 random-string 作为结束标识。

以下是 HTTP 响应消息体为 multipart 的例子：

```
HTTP/1.1 206 Partial Content
Date: Wed, 15 Nov 1995 06:25:24 GMT
Last-Modified: Wed, 15 Nov 1995 04:58:08 GMT
Content-Type: multipart/byteranges; boundary=THIS_STRING_SEPARATES
```

```
--THIS_STRING_SEPARATES
Content-Type:application/pdf
Content-Range:bytes 500-999/8000

...the first range...
--THIS_STRING_SEPARATES
Content-Type: application/pdf
Content-Range: bytes 7000-7999/8000

...the second range
--THIS_STRING_SEPARATES--
```

这个例子是响应消息，状态码是 206 Partial Content，返回的消息体是一个 pdf 的部分内容，包含了两段数据，以 MIME 格式进行封装。boundary 是"THIS_STRING_SEPARATES"。每段数据都单独指定了自己的 Content-Type 和 Content-Range。

在基于表单的数据上传 RFC 标准中，设计了"multipart/form-data"类型，把表单数据以 MIME 格式进行封装，通过 POST 请求方法发送到服务器进行处理。

小结

本章主要介绍了 HTTP 的基本概念、交互模型、消息格式、消息头、响应消息状态码、MIME。HTTP 基于请求/响应交互模型，因此所有基于 HTTP 的 Web 编程都使用请求/响应处理模式。通过 HTTP 的协议头，可以控制交互过程的客户机和服务器的行为。

习题

选择题

1. HTTP 应用层协议运行于更底层的协议之上，这个更底层的协议是

A. FTP　　B. SMTP　　C. TCP　　D. UDP

2. HTTP 的消息有两种类型，它们是

A. 发送消息和接收消息　　B. 请求消息和响应消息

C. 消息头和消息体　　D. 实体消息和控制消息

3. URI 的全称是

A. 标准资源描述符　　B. 标准资源标识符　　C. 通用资源描述符　　D. 通用资源标识符

4. HTTP 采用的默认 TCP 端口是

A. 80　　B. 443　　C. 8080　　D. 1080

5. 在 HTTP/1.1 中，持久连接选项是

A. 默认关闭　　B. 默认打开　　C. 不可协商　　D. 以上都不对

6. 以下不是 HTTP 的特点的是

A. 持久连接　　B. 请求/响应模式
C. 只能传输文本数据　　D. 简单、高效

7. 以下不属于 HTTP 请求方法的是
A. GET　　B. SET　　C. PUT　　D. POST

8. HTTP 的交互过程不包含的步骤是
A. 建立连接　　B. 关闭连接　　C. 发送请求　　D. 下载数据

9. HTTP 在可靠的底层协议之上提供一种传输信息的机制,这个底层是
A. 物理层　　B. 网络层　　C. 传输层　　D. 应用层

10. 以下选项中不是标准的 HTTP 消息头字段的是
A. Status　　B. Host　　C. Accept　　D. Referer

11. HTTP 的 GET 请求方法可以获取的数据类型是
A. HTML 文档　　B. 图片　　C. 视频　　D. 以上都可以

12. HTTP 请求消息中可以不包含
i. 开始行　　ii. 消息头　　iii. 消息体实体数据
A. 仅 i　　B. i 和 ii　　C. ii 和 iii　　D. 仅 iii

13. HTTP 进行内容协商时,可以包含的消息头有
i. 内容协商消息头　　ii. 缓存控制消息头
iii. 条件控制消息头　　iv. 服务器状态消息头
A. i 和 ii　　B. i、ii 和 iii　　C. ii 和 iii　　D. iii 和 iv

14. 在 HTTP 响应的 MIME 消息体中,可以同时包含如下类型的数据
i. 文本数据　　ii. 图片数据　　iii. 视频数据　　iv. 音频数据
A. 仅 i　　B. i 和 ii　　C. i、ii 和 iii　　D. 全都可以

15. 在 HTTP 的"请求/响应"交互模型中,以下说法中错误的是
A. 客户机在发送请求之前需要主动与服务器建立连接
B. 服务器无法主动向客户机发起连接
C. 服务器无法主动向客户机发送数据
D. 以上都错

第三章　HTML语言基础

导入语

HTML 语言是网页制作的基础语言，虽然现在有许多所见即所得的网页制作工具，但这些工具生成的代码仍然是以 HTML 语言为基础的。本章通过描述一个简单的 HTML 文档的结构和标记格式，讨论如何用这些标记来控制文本的显示效果，包括换行、段落标记、标题等。接下来介绍一个重要的概念，即表单。表单在 Web 开发中非常重要，它用来收集 Web 客户机的信息。

考核目标

✓ 掌握 HTML 的基本结构和语法

✓ 掌握 HTML 标记及其属性

✓ 掌握使用 HTML 表单收集、提交信息

3.1　HTML 文档的基本结构与语法

HTML 是 Hypertext Markup Language 的缩写，即超文本标记语言，是一种用来制作超文本文档的简单标记语言。用 HTML 编写的超文本文档称为 HTML 文档，它能独立于各种操作系统平台。自 1990 年以来，HTML 一直被用作 Web 文档描述语言。使用 HTML 语言描述的文件，需要通过 Web 浏览器显示出效果。

所谓 HTML 文件，就是含有标记文本的 Web 网页文件。HTML 文件以标记<html>作为开始，以</html>作为结束。它被分割成两部分：文件头部分和文件体部分。文件头部分用于描述文档的总体信息，文件体部分用于描述文档的具体文本内容。下面的 HTML 文档就是一个简单的 HTML 文件，它使用置标标记来分别定义文件头部分和文件体部分，如图 3-1 所示。

【例 3.1.1】一个简单的 HTML 文件示例。

```
<html>
<head><title>一个简单的 HTML 文件示例</title></head>
<body>
<h2 align = " center" >一个简单的 HTML 文件示例</h2>
</body>
</html>
```

说明：这里涉及的三个主要标记是<html>、<head>、<body>。

（1）<html>标记。用于表示文档类型是 HTML 文件，以方便浏览器识别和处理。

（2）<head>标记。用于表示标题及其他有关文档的信息，具体标题内容包含在<title>和</title>标记对的内部。

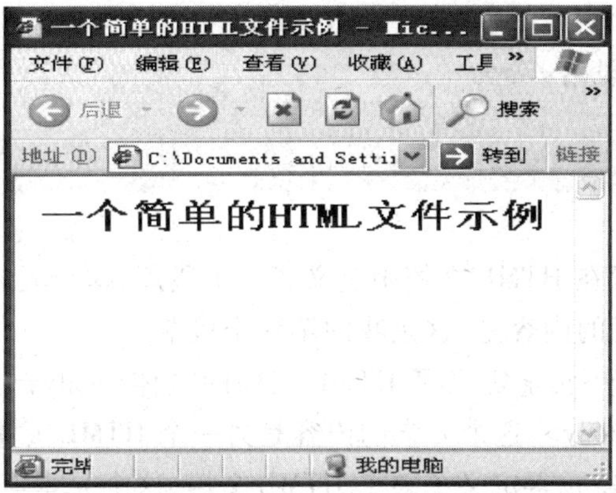

图 3-1 HTML 文档示例

(3) <body>标记。用于表示文档部分的开始。</body>标记用于表示文档部分的结束。利用<head>、</head>和<body>、</body>标记对可以将 HTML 文件分成两部分。

HTML 中的基本语法单位称为标记。总体来说,标记用来指定内容的类别,对于每个类别,针对特定的内容浏览器都有默认的显示方式。标记的使用语法是利用一对尖括号"< >"将标记名包围起来。大部分标记都是成对的,包括开始标记和结束标记。结束标记的名称就是在对应的开始标记名称前面添加一个斜杠"/"。开始标记和结束标记之间的信息称为标记的内容。

3.2 HTML 标记及其属性

3.2.1 HTML 标记

HTML 文档由标记和被标记的内容组成,一个完整的 HTML 元素就是从起始标记开始至结束标记结束之间所有的内容。其格式为:

```
<标记>受标记影响的内容</标记>
```

例如:<p>这是一个段落</p>,这就是一个 HTML 元素,其中,HTML 元素的起始标记是<p>,元素内容是"这是一个段落",元素的结束标记是</p>。

有些 HTML 元素不包含具体内容,为空元素。空元素以起始标记的结束而结束,例如
。大部分 HTML 元素可拥有若干属性。

HTML 元素分为行内元素和块元素。行内元素一般是基于语义级的基本元素,只能收纳文本和其他行内元素,例如<a>、<em>、<font>、<input>等;而块元素总是在新行上开始的,它可以收纳其他块元素和行内元素,例如<div>、<h1>、<p>、<table>等。大部分 HTML 元素可以嵌套使用(可以包含其他 HTML 元素)。HTML 文档由嵌套的 HTML 元素构成,如下所示。

【例 3.2.1】嵌套 HTML 元素示例。

```
<html>
<head>
<title>标题名</title>
</head>
```

```
<body>
<p>这是我的第一个段落</p>
</body>
</html>
```

具体说明如下:

- <p>元素。<p>元素在 HTML 文档中定义了一个段落,这个元素有一个起始标记<p>和一个结束标记</p>,这个元素的内容是:这是我的第一个段落。
- <body>元素。<body>元素定义了 HTML 文档的主体(body),这个元素有一个起始标记<body>和一个结束标记</body>,这个元素的内容是另一个 HTML 元素(<p>)。
- <html>元素。<html>元素定义了整个 HTML 文档,这个元素有一个起始标记<html>和一个结束标记</html>,这个元素的内容是另一个 HTML 元素(<body>)。
- <title>元素:这个元素有一个起始标记<title>和一个结束标记</title>。该标题名在浏览器的标题栏显示。给网页加上标题,会让浏览者迅速了解网页的大意。需要注意的是,同一段要标记的内容,可以用多个标记来共同作用,产生一定的效果。

3.2.2 HTML 标记属性

HTML 标记可以拥有属性。属性提供了有关 HTML 元素的更多的信息。属性总是以名称/值对的形式出现,比如 name="value"。属性总是在 HTML 元素的开始标记中规定。

HTML 文档中有近百种不同的元素,虽然具有各不相同的语法和语义,但它们一般都具有一些共同的属性,包括:

- 核心属性(id,class,style,title)
- i18n 属性(lang,dir)
- 事件属性(onclick,onmousedown,等等)

属性示例 1:html 链接由<a>标记定义。链接的地址在 href 属性中指定:<a href="www.baidu.com">百度</a>。

属性示例 2:<h1>定义标题的开始。<h1 align="center">拥有关于对齐方式的附加信息。在 align 属性中指定 center,表示居中对齐。

属性示例 3:<body>定义 HTML 文档的主体。<body bgcolor="yellow">拥有关于背景颜色的附加信息。在 bgcolor 属性中指定 yellow,背景颜色就是黄色。

属性示例 4:<table>定义 html 表格。<table border="1">拥有关于表格边框的附加信息。在 border 属性赋值为 1,表示边框宽度为 1。

属性示例 5:id 属性,id 在 HTML 中的作用是给一个单元(元素,标记)一个独一无二的标识或标记,让浏览器在分析处理网页时找到 id 所在的地方。常用于:

- 元素的风格(style sheet)选择。
- 单击<a..>的链接可以跳到这个 id 所在的地方。
- 脚本语言用它作为标识,找到 id 所在的单元。
- 用作声明 object 的单元的标识。

如果想区别不同的<input>,当然可以给它们加 id。例如:

```
<input id="s1" type="radio" name="sex" value="male">male<br>
<input id="s2" type="radio" name="sex" value="female"> female<br>
```

属性示例 6：class 属性，与 id 功能相似，class 属性规定元素的类名，大多用于指向样式表中的类，用 $ 来识别，多用于 css 和 JavaScript 中，便于直接找到某一类属性。

注意：属性和属性值对大小写不敏感，大小写都可以。不过，万维网联盟在其 HTML 4 推荐标准中推荐小写的属性/属性值，而新版本的(x)HTML 要求使用小写属性。属性值应该始终被包括在引号内。双引号是最常用的，不过使用单引号也没有问题。在某些个别的情况下，比如属性值本身就含有双引号，那么必须使用单引号。

3.3 段落标记

1. 注释标记<! --...-->

像很多计算机语言一样，HTML 文档也提供注释功能，浏览器会忽略此标记中的内容不做显示。格式为：

```
<! --注释内容-->
```

**2. 强制换行标记
和不换行标记<nobr>...</nobr>**

在 HTML 文档中，无法用多个回车或空格键来调整文档段落的格式，要用 HTML 的标记来强制换行及分段。强制换行标记的格式为：

```
文字<br>
```

浏览器解释时，从该处换行。

不换行标记可令文字不能因太长使浏览器无法显示而换行，其格式为：

```
<nobr>文字</nobr>
```

3. 段落标记

<p>标记定义段落，该标记会自动在其前后创建一些空白，使得后面的文字换到下一行，且使得两段之间多一空行。其格式为：

```
<p align="left|center|right">文字</p>
```

4. 水平线标记<hr>

<hr>标记在 HTML 页面中创建一条水平线，可以使不同功能的文字分隔开，看起来整齐明了。可选的属性包括有 align、noshade、size、width 及 color 等。其格式为：

```
<hr align="left|center|right" size="线条粗细" width="线条长度" color="颜色值" noshade>
```

其中 noshade 指定线条是否有阴影或立体效果。

5. <div>和<span>标记

在网页排版中，<div>和<span>是两个常用的标记，利用这两个标记，再加上 CSS 对样式的控制，可以很方便地实现各种效果。<div>简单而言就是一个区块容器标志，<div>与</div>之间相当于一个容器，可以容纳段落、标题、表格乃至章节等各种 HTML 元素，因此可以把<div>与</div>中的内容视为一个独立的对象。<span>标记与<div>标记一样，作为容器标记广泛应用在 HTML 语言中，在<span>与</span>之间可以容纳各种 HTML 元素，从而形成独立的对象。

<div>与<span>的区别在于,<div>是一个块元素,它周围的元素会自动换行,而<span>是一个行内元素,在它前后不会换行,<span>没有结构上的意义,纯粹是应用样式。此外,<span>标记可以包含于<div>标记之中,成为它的子元素,而反过来则不成立,即<span>元素不能包含<div>标记。

【例 3.3.1】<div>与<span>示例,显示结果如图 3-2 所示。

```
<html>
<body>
<p>div 标记不同段落</p>
<div>段落 1</div>
<div>段落 2</div>
<div>段落 3</div>
<p>span 标记同一段</p>
<span>段落 1</span>
<span>段落 2</span>
<span>段落 3</span>
</body>
</html>
```

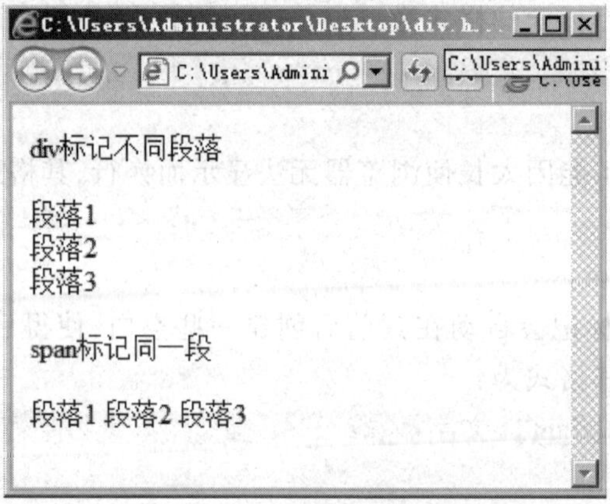

图 3-2 <div>与<span>示例

3.4 文字标记

1. 标题文字标记<h#>... </h#>

<h1> ~ <h6>标记可定义标题。<h1>定义最大的标题。<h6>定义最小的标题。可以通过设置不同大小的标题,为文章增加条理。标题文字标记的格式为:

```
<h#>标题文字</h#>
```

以下代码显示了 6 个不同的 HTML 标题,显示结果如图 3-3 所示。

```
<html>
<head>
</head>
<body>
<h1>这是标题 1</h1>
<h2>这是标题 2</h2>
<h3>这是标题 3</h3>
<h4>这是标题 4</h4>
<h5>这是标题 5</h5>
<h6>这是标题 6</h6>
</body>
</html>
```

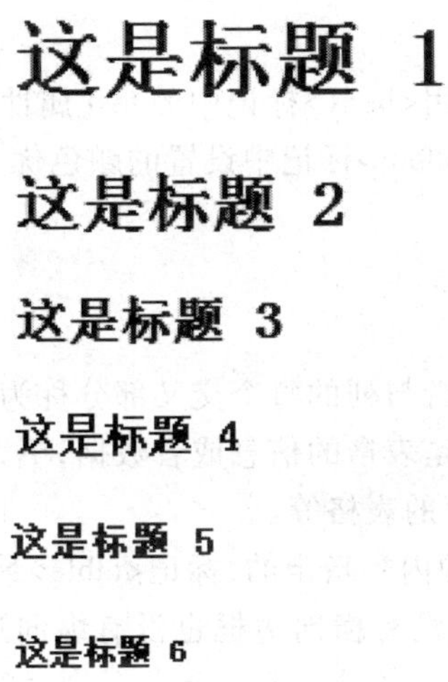

图 3-3 设置标题文字大小

其属性主要有 align,该属性指定标题的对齐方式,默认为左对齐。

2. 字体标记<font>...</font>

<font>规定文本的字体、字体大小、字体颜色。其格式为:

```
<font size="数字" font="字体名" color="颜色值">被设置的文字</font>
```

当文字为汉字时,格式中的字体名可以为:宋体、幼圆、隶书、楷体_GB2312、黑体、仿宋,等等。

3. 字形标记

字形就是文字的风格,如加粗、斜体、带下画线,等等。字形的控制标记见表 3-1。

表 3-1 字形的控制标记

标记格式	字形
<b>文字</b>	加粗
<i>文字</i>	斜体
<u>文字</u>	带下画线
<tt>文字</tt>	标准打印机字体
<strike>文字</strike>	带删除线
_{文字}	下标
^{文字}	上标
<big>文字</big>	大字体文本
<small>文字</small>	小字体文本

4. 设置文字颜色

设置文字颜色有两种方法:采用<body>标记中的 text 属性;<font>标记中的 color 属性。当两种标记同时设置了文字的颜色时,<font>标记中设置的颜色优先。

3.5 表格标记

表格是由行与列构成的矩阵,行与列的每个交叉部分称为单元格,某些单元格包含了行或者列的标记,绝大部分单元格包含的是表格的信息或者数据,单元格中的信息可以是任何形式的文档元素,比如文本、标题、图片、嵌套的表格等。

表格是通过块内标记<table>的内容指定的,标记<table>最为常用的属性为 border,没有指定 border 属性的表格的单元格之间既没有横向边框也没有纵向边框进行分隔,表格的所有边框都是以带斜面三维外观进行显示的。表格中的每一行都是通过行标记<tr>指定的,在表头行中,表头单元格通过<th>来指定,每一行的数据单元格通过表格数据标记<td>指定。表格单元格中内容的布局通过属性 align 和 valign 指定,这两个属性属于<tr>、<td>、<th>标记,属性 align 的可能取值为 left、right、center,它是用来控制单元格中的内容在水平方向上的对齐方式。valign 是标记<th>、<td>的属性,它的取值可以为 top 和 bottom,表格标题和数据默认的对齐方式都是 center。表格标记还具有 cellpadding、cellspacing 属性,其中 cellpadding 可用于指定表格单元格的内容和单元格边框的间距,cellspacing 可用于指定邻近单元格之间的间距,属性 cellpadding 一般用于防止单元格中的文本过于接近单元格的边框。

【例 3.5.1】表格示例,显示结果如图 3-4 所示。

```
<html>
<body>
<table border="1" >
    <caption>表格示例</caption>
    <tr align="center">
```

```
        <th>Label1</th>
        <th>Label2</th>
        <th>Label2</th>
        </tr>
        <tr>
        <td align="left">left</td>
        <td align="center">center</td>
        <td align="right">right</td>
        </tr>
        <tr>
        <td valign="top">top</td>
        <td >center</td>
        <td valign="bottom">bottom</td>
        </tr>
    </table></body>
    </html>
```

图 3-4 表格示例

如果有跨行或跨列的表格单元,需要使用属性 colspan 及 rowspan。colspan 指定跨列的数目,rowspan 指定跨行的数目。

以下是横跨两列的单元格表格示例(显示效果如图 3-5 所示):

```
    <table border="1">
    <tr>
        <th>姓名</th>
        <th colspan="2">电话</th>
    </tr>
    <tr>
        <td>张三</td>
```

```
        <td>673 77 854</td>
        <td>673 77 855</td>
    </tr>
    </table>
```

以下是跨两行的单元格表格示例(显示效果如图 3-6 所示):

```
    <table border="1">
    <tr>
        <th>姓名</th>
        <td>张三</td>
    </tr>
    <tr>
        <th rowspan="2">电话</th>
        <td>673 77 854</td>
    </tr>
    <tr>
        <td>673 77 855</td>
    </tr>
    </table>
```

姓名	电话	
张三	673 77 854	673 77 855

图 3-5　跨列表格示例

姓名	张三
电话	673 77 854
	673 77 855

图 3-6　跨行表格示例

在<table>、<th>、<tr>、<td>标记中,使用下面的属性可以改变表格的背景和边框的颜色,添加背景图片等。

- bgcolor="颜色值"。用来设置背景颜色。
- background="图片文件名"。设置背景图片。
- bordercolor="颜色"。设置表格边框颜色。

如果把这些属性放到<table>中,其作用范围是整个表格。其他则只对该单元格有效。

3.6　超链标记

超链元素都是通过标记<a>中的属性指定的,是一个行内标记,包含了一个指定了链接的标记的文档成为该链接的源,该链接指定的地址对应的文档称为该链接的目标。与其他标记一样,该标记也包括很多属性,href 属性指定了链接的目标文档。其格式为:

```
<a href="URL  记号名">热点文本</a>
```

如果链接的目标不是文档的开始部分,那么它一定是文档的某个元素,因此,在这种情况下需要利用一些方法来指定相关的元素。链接的目标元素可以包含一个 id 属性,它可以用于在 href 属性中唯一地识别相关的元素。示例如下:

```
<h2 id="avio">Avio</h2>
```

几乎所有的元素都包含一个 id 属性。在同一个文档中,id 属性值必须是唯一的,因为它用于引用特定的元素。如果目标文档和链接所在文档是同一个文档,那么 href 的属性值就是在 id 属性值的前面添加一个“#”,如下所示:

```
<a href="#avio">what's avio</a>
```

如果链接到其他文档的某一部分或者段落,那么将在 url 的末端指定这一部分的名称,并通过符号“#”分隔,如下所示:

```
<a href="index.html#avio">what's avio</a>
```

要在当前页面中实现超链接,需要定义两个标记:一个是超链接标记,另一个是书签标记。超链接标记的格式为:

```
<a href="#记号名">热点文本</a>
```

当鼠标单击热点文本时将跳转到“记号名”开始的文本。

书签名在<a>中的 name 属性中定义。格式为:

```
<a name="记号名">目标文本</a>。
```

如果链接到的目标文件不是 HTML 文件,则该文件将作为下载文件。如果需要链接到一个电子邮件,其格式为:

```
<a href="mailto:E-mail 地址">热点文本</a>
```

单击该热点将打开默认的电子邮件程序并自动填写邮件地址。

3.7　图片

文档中包含图片能够显著增强文档外观的显示效果。图片是以文件的形式进行保存的,通过一个 HTML 请求来指定,图片文件是通过浏览器插入到最终显示窗口中的。

图片标记<img>是一个行内标记,用于指定将要显示在文档中的图片,最简单的情况下该标记只包含 src 和 alt 两个属性,通过 src 可以指定图片文件;通过 alt 可以指定当图片无法显示或者鼠标移动到该图片上时,在本该显示图片的位置出现文本。示例如下:

```
<img src="c2013.jpg" alt="picture of 2013">
```

1. 以图片作为背景

使用<body>标记的 background 属性,可为网页铺上背景图片,格式为:

```
<body background="图片文件名">
```

图片文件名要指出文件存放的路径,格式可为 GIF 或 JPG 格式文件。作为背景的图片默认会按原大小复制,重复铺满整个网页。

2. 用图片作为超链接

图片也可以作为热点,单击图片则跳转到被链接的文本或其他文件。格式为:

```
<a href="URL"><img src="图片文件名"></a>
```

3.8 列表

列表分为无序列表和有序列表。带序号标志如数字、字母等的列表是有序列表,否则为无序列表。

1. 无序列表标记

无序列表前面是项目符号如 •、■等。建立无序列表可用<ul>标记和<li>表项标记。格式为:

```
<ul type="符号类型">
    <li>第一个表项</li>
    <li>第二个表项</li>
    ...
</ul>
```

type 指定每个表项左端的符号类型,可为 disc(实心圆点)、circle(空心圆点)、square(实心方块)等。

2. 有序列表标记

通过带序号的列表可以更清楚表达信息的顺序。使用<ol>标记可以建立有序列表,表项标记仍为<li>。格式为:

```
<ol type="符号类型">
    <li>第一个表项</li>
    <li>第二个表项</li>
    ...
</ol>
```

type 指定每个表项左端的序号类型,可为以下几种:

- <ol type="1">。序号为数字。
- <ol type="A">。序号为大写英文字母。
- <ol type="a">。序号为小写英文字母。
- <ol type="I">。序号为大写罗马字母。
- <ol type="i">。序号为小写罗马字母。

3.9 HTML 表单

用户通过 Web 浏览器向服务器上传数据和参数最常用的一种手段就是使用表单。表单可以通过浏览器显示。HTML 提供了一些标记,它们能够产生屏幕表单中最常用的对象,这些对象称为控件或者窗口小部件,例如单行或多行的文本集、复选框、单选按钮和菜单等。一个表单中所有的控件的值合起来称为表单数据。每一个表单都需要一个提交按钮,当用户单击提交按钮时,表单数据将被编码发送到 Web 服务器进行处理。

3.9.1 <form>标记

一个表单的所有组件都必须在标记<form>的内容中指定。标记<form>是一个块内标记,它有多个不同的属性,但是只有属性 action 是必需的。属性 action 指定了 Web 服务器上一个应用程序的 url,当用户单击提交按钮时,将调用这个应用程序。

<form>标记的属性 method 的取值通常为 get 和 post 两个方法中的一个,这两种方法用于将表单数据发送给服务器。默认情况下的取值为 get。也就是说,如果表单中没有指定 method 属性,那么就将采用 get 方法来传递数据。另一种方法是 post。当用户单击提交按钮时,可利用这两种方法将表单数据编码为一个文本字符串的形式。

二者的主要区别是:get 将表单中的数据按照 variable = value 的形式添加到 action 所指向的 URL 后面,并且两者使用"?"连接,而各个变量之间使用"&"连接;post 是将表单中的数据放在 form 的数据体中,按照变量和值相对应的方式传递到 action 所指向的 URL;get 是不安全的,因为在传输过程,数据被放在请求的 URL 中,而如今现有的很多服务器、代理服务器或者用户代理都会将请求 URL 记录到日志文件中,然后放在某个地方,这样就可能会有一些隐私的信息被第三方看到。另外,用户也可以在浏览器上直接看到提交的数据,一些系统内部消息将会一同显示在用户面前。post 的所有操作对用户来说都是不可见的。get 传输的数据量小,这主要是因为受 URL 长度的限制;而 post 可以传输大量的数据,所以在上传文件时只能使用 post。

3.9.2 <input>标记

许多常用的控件都是利用行内<input>指定的,这种标记可以指定文本、密码框、复选框、单选按钮和两种特殊按钮(分别为提交和重置)。标记<input>有一个 type 属性,这个属性用来指定控件的类型,其语法为:

```
<input type = "value" >
```

控件的类型用 type 的值来指定,比如 checkbox(复选框)。除了重置和提交按钮外,所有前面列出的控件还需要属性 name,这个属性值将成为表单数据中控件的值的名称。复选框控件和单选框控件还需要属性 value,它用于初始化控件的值。type 支持的类型如表 3-2 所示。

表 3-2 <input>标记支持的 type 类型

type 值	描述
text	单行文本输入控件
button	可单击按钮
checkbox	复选框
file	供文件上传的按钮
hidden	隐藏的输入控件
image	图像形式的提交按钮
password	密码控件,该控件中的字符被掩码

续表

type 值	描述
radio	单选按钮
reset	重置按钮。重置按钮会清除表单中的所有数据
submit	提交按钮。提交按钮会把表单数据发送到服务器

通常称文本控件为文本框，该控件能够创建一个水平方向上的框，用户可以在框中输入单行文本。文本框的默认长度一般为 20 个字符，由于默认长度可能会随着浏览器的不同而不同，因此最好是在每个文本框中包含一个长度属性，这是通过标记<input>的 size 属性实现的。如果用户输入的字符长度超出了文本框的空间，文本框就出现滚动条；如果不想让文本框出现滚动条，则可以在标记<input>中添加属性 maxlength。该属性指定了浏览器允许该文本框能够接受的字符的最大数目，超过最大数目的字符都被忽略。如图 3-7 所示。

【例 3.9.1】文本框示例（显示结果如图 3-7 所示）。

```
<form action = " ">
<p>请输入姓名:<input type = "text"  name = "Name"  size = "25" ></p>
</form>
```

如果用户输入如下一行字符：

```
Abcdef Pool win Frickenburger
```

文本框将收集整个字符串，但是整个字符串将向左滚动，文本框显示的是：

```
ef Pool win Frickenburger
```

文本框中输入的字符没有任何限制，因此文本框中输入的内容几乎总是需要进行校验的。这种校验过程可以通过浏览器完成，也可以将表单数据传递给服务器完成。

```
<input type = "password"/>定义密码字段。输入的字符会被掩码（显示为星号或圆点）
```

【例 3.9.2】password 示例（显示结果如图 3-8 所示）。

```
<input type = "password"  name = "pwd"/>
```

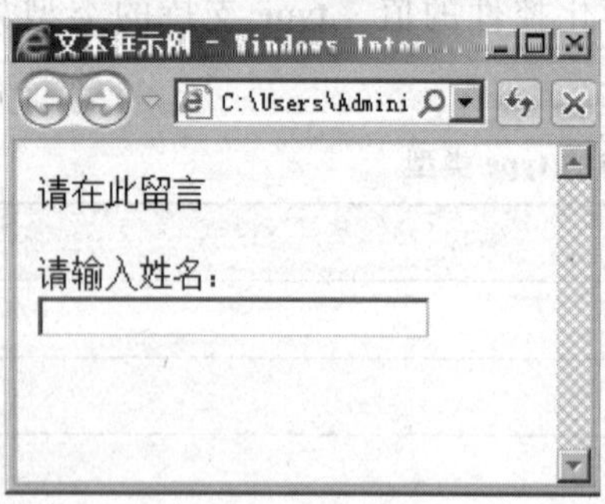

图 3-7 文本框

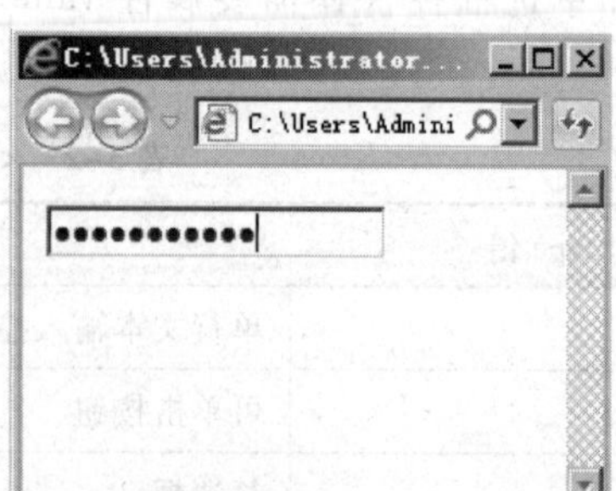

图 3-8 密码框

复选框按钮和单选框按钮用于收集用户的多重选择输入。复选框控件是一个按钮，表示开还是关，即选中与否。如果一个复选框按钮处于选中状态，那么与该按钮名称相关的值就是指派给属性 value 的字符串。如果复选框按钮没有处于选中状态，那么表单数据中就没有它的相关信息。每一个复选框按钮对应的<input>标记中都必须具有属性 name 和 value。对于服务器中的表单处理来说,name 属性的值用于识别复选框按钮,而 value 属性的值就是该按钮的值。单选框按钮与复选框按钮类似,一组单选框按钮和一组复选框按钮之间的区别在于:对于单选框按钮来说,每次只能选中或者按下一个单选框按钮,每次按下一个单选框按钮时,这组单选框按钮中原来处于选中状态的按钮就处于非选中状态了,而复选框按钮却可以选择多个选项。如图 3-9、图 3-10 所示。

图 3-9 复选框

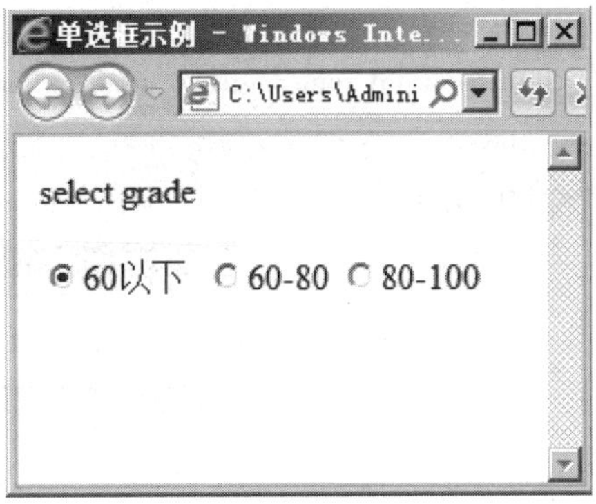

图 3-10 单选框

【例 3.9.3】复选框示例。

```
<html>
<head><title>复选框示例</title></head>
<body>
<form action=" ">
<input  type="checkbox"  name="food"  checked="checked">milk<br>
<input  type="checkbox"  name="food1">bread <br>
<input  type="checkbox"  name="food2">eggs <br>
</form>
</body>
</html>
```

单选框示例:

```
<html>
<head><title>单选框示例</title></head>
<body>
<p>select  grade</p>
<form action="">
<input  type="radio"  name="grade"  value="under 60"  checked="checked">60 以下
<input  type="radio"  name="grade"  value="60-80">60-80
<input  type="radio"  name="grade"  value="80-100">80-100
</form>
```

```
</body>
</html>
```

需要注意的是，一组单选框按钮中每个按钮的 name 属性的值必须一致。

【例 3.9.4】文件提交按钮<input type = " file"/>用于文件上传示例（显示结果如图 3-11 所示）。

```
<html>
<body>
<form><input type = " file"  name = " pic"  accept = " image/gif"  /></form>
</body>
</html>
```

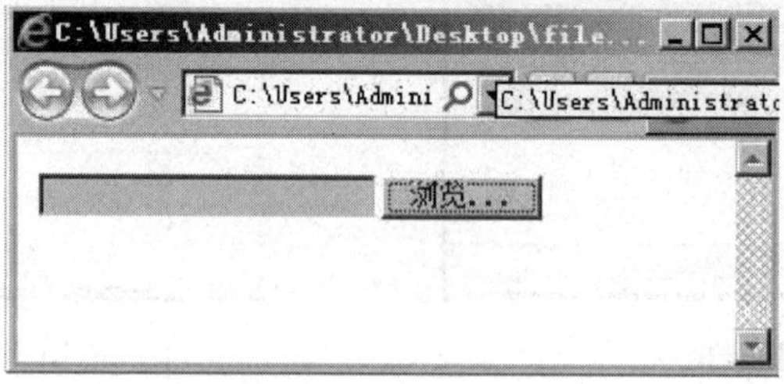

图 3-11 “浏览”按钮

单击“浏览”按钮后，会弹出选择文件的对话框，供选择文件。

3.9.3 <select>标记

复选框和单选框是收集用户多重选择数据的有效方式，但是，如果可能的选择数据比较大，那么表单将变得非常长以至于无法显示。在这种情况下，需要使用菜单。菜单是通过标记<select>指定的，一共有两种类型的菜单：一次只能选择一个菜单项的菜单类型（功能类似于单选框按钮）和一次可以选择多个菜单项的菜单类型（功能类似于复选框按钮），默认情况选择前者，后者是通过添加属性 multiple 并将其属性值设置为“multiple”实现的。当只选中了一个菜单项时，发送到表单数据中的值为标记<select>中 name 属性的值和选择的菜单项。如果选中的是多个菜单项，那么表单数据中的菜单值包含所有选中的菜单项。

标记<select>还可以包含 size 属性，该属性指定了将要为用户显示的菜单项的数目，如果没有指定 size 属性，将使用默认值 1；如果 size 值设置为 1 而且没有指定 multiple 属性，那么就显示一个带有下拉式滚动箭头的菜单项；如果单击滚动箭头，则菜单将作为弹出式菜单显示；如果指定了 multiple 属性或者 size 属性的值被设定为大于 1，那么菜单通常作为一个下拉式滚动列表进行显示。

菜单中的每一个条目都是通过标记<option>指定的，它嵌套在<select>元素中，标记<option>的内容就是菜单项的值，它只能是文本。标记<option>可以包含属性 selected，如果设置该属性为“selected”，就表明该条目已经预选中了。如图 3-12 所示。

【例 3.9.5】菜单示例。

```
<html>
<head><title>菜单示例</title></head>
<body><p>请在菜单中选择</p>
<form  action="">
    <select  name="food">
        <option selected="selected">milk</option>
        <option>bread</option>
        <option>eggs</option>
        <option>cheese</option>
    </select>
</form>
</body>
</html>
```

3.9.4 <textarea>标记

有些情况下需要创建一个能输入多行文本的区域，标记<textarea>就是用于创建这样的控件。由<textarea>创建的区域对输入文本的长度没有任何限制，该区域在垂直方向和水平方向上都隐含有滚动条，文本区域中可见文本的默认长度通常都比较小，因此标记<textarea>中通常需要包含属性 rows 和 cols，并为这两个属性赋予合适的值；如果文本区域中需要包含一些默认的文本，则在<textarea>元素的内容中指定即可。如图 3-13 所示。

图 3-12 select 菜单

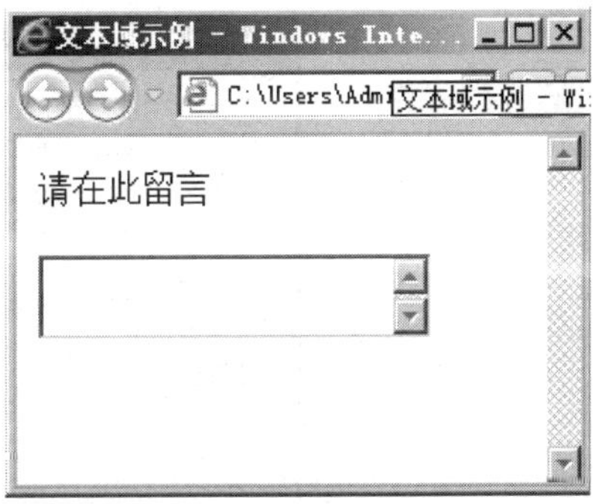

图 3-13 多行文本框

【例 3.9.6】文本域示例。

```
<html>
<head><title>文本域示例</title></head>
<body><p>请在此留言</p>
<form action="">
    <textarea  name="message"  row="3"  col="40"  ></textarea>
```

```
</form>
</body>
</html>
```

3.9.5 提交按钮和重置按钮

提交按钮的作用可以分为两步。首先,对表单数据进行编码并发送到服务器。然后,请求驻留在服务器中的通过标记<form>的 action 属性指定的网页或程序。被请求的网页或程序将处理表单数据。

重置按钮的作用在于将所有的控件都恢复到初始条件下的状态。提交按钮和重置按钮是通过标记<input>创建的。如图 3-14 所示。

【例 3.9.7】提交按钮和重置按钮示例。

```
<html>
<head><title>按钮示例</title></head>
<body>
<form action = "">
    Username:<input  type = "text"  name = "username"><br>
    Password:<input  type = "password"  name = "password"><br>
            <input  type = "submit"  value = "submit">
            <input  type = "reset"  value = "reset">
</form>
</body>
</html>
```

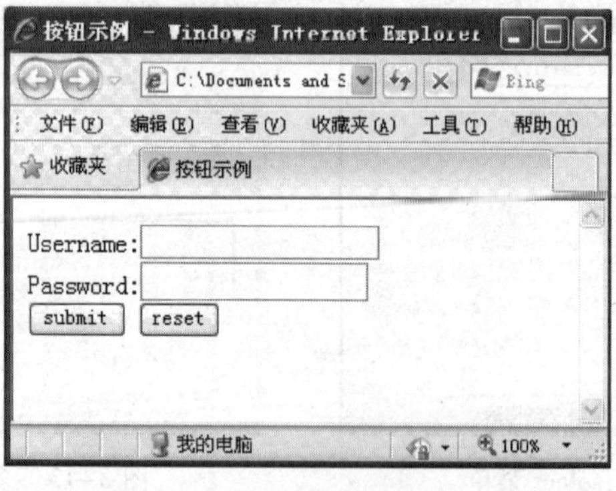

图 3-14 提交按钮和重置按钮

3.9.6 表单数据的提交

表单中的数据通过浏览器包装成表单数据集,对表单数据集进行编码后提交到服务器端的应用程序进行处理。

表单数据集是用户在表单中输入的信息的集合。

在用户提交表单时,浏览器将表单中控件的名称(name 属性)和值(value 属性或者是元素的内容,例如 TEXTAREA 等)用"="连接以形成"名称/值"对,并将所有的"名称/值"对以"&"连接形成表单数据集,即表单数据集形式为:

```
<control1. name>+" = " +control1. value>+" &" +…+" &" +<controln. name>+" = " +<controln. value>
```

并不是表单中所有的控件都会被作为表单数据集的一部分,只有"成功的"控件才会被加入表单数据集中,并被提交给服务器。

符合以下条件的控件被称为是"成功的":

(1) disabled 的控件不是成功的,但是 hidden、readonly 的控件可以是成功的。

(2) 当表单中有多个 submit 按钮时,只有用户激活的那个按钮才是成功的。这样,服务器端应用程序通过检查表单数据集中包含的内容,就可以知道用户是通过哪个按钮来提交表单的,从而可以执行不同的处理过程。

(3) reset button 不是成功的。

(4) 所有 checkboxes、radio buttons 以及 select option 只有被选中时才是成功的。服务器端应用程序通过检查表单数据集中包含的内容,就可以知道用户选中了哪些选项。

表单数据集中的数据在发送给服务器之前必须经过编码,编码的方法由 FORM 元素的 enctype 属性给出。浏览器必须支持以下两种编码方法。

(1) application/x-www-form-urlencoded:在这种编码方法中,控件名称和控件值必须经过转义(escape),即:

- 空格" "由加号"+"代替。
- 非"字符/数字"字符一律表示为 '% HH '(百分号后加上字符 ASCII 编码的十六进制形式),例如回车换行符(CR LF)表示为 '%0D%0A',文本"张三"表示为 '%D5%C5%C8%FD'。

(2) multipart/form-data:在表单中包含大量二进制数据,或者用户需要向服务器提交文件内容时,编码方法"application/x-www-form-urlencoded"就不太合适。此时可以使用"multipart/form-data"。

在使用该方法时,表单中的每个控件名称以及值都作为整体中的一个部分,各个部分之间由特定的边界进行分割。

浏览器将表单数据集以 HTTP 请求消息的形式提交给服务器。FORM 元素的 method 属性指出了采用哪种方法将表单信息提交给服务器,其取值为 get 或 post。

- method="get"

浏览器将表单中的数据添加在 FORM 元素的 action 属性值(该属性值给出了处理所提交数据的服务器端应用程序的 URL)之后,形成一个新的 URL。新的 URL 符合以下语法规范:

```
<Request-URL> = <action>+"?"+<form-data-set>
```

其中,表单数据集只能够使用"application/x-www-form-urlencoded"编码方法。

浏览器向服务器发送 HTTP 请求消息时,使用的请求方法为 get,并将新 URL 作为 HTTP 请求消息中的 Request-URL。

- method="post"

浏览器向服务器发送 HTTP 请求消息时,使用的请求方法为 post。

浏览器将 FORM 元素的 action 属性值(该属性值给出了处理所提交数据的服务器端应用

程序的 URL)作为 HTTP 请求消息中的 Request-URL,将表单数据集作为 HTTP 请求消息中的实体。

下面给出浏览器向服务器提交表单数据集的具体过程。

步骤一:识别出所有“成功的”控件。

步骤二:在所有“成功的”控件的基础上构造表单数据集。

步骤三:按照 FORM 元素的 enctype 属性所给出的类型对表单数据集编码。

步骤四:使用 FORM 元素的 method 属性所指出的方法向服务器端应用程序(由 FORM 元素的 action 属性指定)发送编码后的表单数据集。

小结

HTML 的标记指定了内容是如何在浏览器显示窗口进行分布的,大部分标记包括开始标记和结束标记。HTML 文档包括两个部分:文档头和文档主体。文档头描述了一些有关文档的信息,但是没有包含文档中的内容;文档主体包含了文档内容和标记及其属性,用于描述内容和布局。表单是文档的一部分,这部分包含了一些控件,用于收集用户输入的信息,最常用的控件都是通过<input>、<select>、<textarea>标记指定的,用户可以使用提交按钮将表单数据发送到服务器中进行处理。

习题

选择题

1. HTML 是一种标记语言,它是被解释执行的,解释它的是

   A. 不需要解释　B. Windows　C. 浏览器　D. 标记语言处理软件

2. 在 HTML 文档中用于表示页面标题的标记对是

   A. <head></head>　B. <header></header>

   C. <caption></caption>　D. <title></title>

3. 在 HTML 文档中用于表示表格的标记对是

   A. <head></head>　B. <header></header>

   C. <table></table>　D. <caption></caption>

4. 在 HTML 文档中使用的注释符号是

   A. //…　B. /*……*/　C. <! --………-->　D. 以上说法均错误

5. 为了标识一个 HTML 文件,应该使用的 HTML 标记是

   A. <p></p>　B. <head></head>　C. <html></html>　D. <form></form>

6. 在下列的 HTML 中,最大的标题是

   A. <h6>　B. <head>　C. <heading>　D. <h1>

7. 在 HTML 中要定义一个书签,应该使用的语句是

   A. <a href="#object_01">text</a>　B. <a name="object_01">text</a>

   C. <a target="#object_01">text</a>　D. <a link="#object_01">text</a>

8. 如果要在表单中创建一个普通文本框,下列标记中正确的是

   A. <input type="text">　B. <input type="password">

C. <input type="checkbox">　　D. <input type="radio">

9. 下列标记中不属于行内元素的是

A. <em>　　B. <font>　　C. <input>　　D. <div>

10. 下列标记中可以产生粗体字的 HTML 标记是

A. <bold>　　B. <bb>　　C. <b>　　D. <i>

11. 在下列的 HTML 中,正确产生超链接的标记是

A. <a url="http://www.sina.com.cn">新浪网</a>

B. <a href="http://www.sina.com.cn">新浪网</a>

C. <a>http://www.sina.com.cn</a>

D. <a name="http://www.sina.com.cn">新浪网</a>

12. 以下语句中,正确制作电子邮件链接的是

A. <a href="xxx@yyy">　　B. <mail href="xxx@yyy">

C. <a href="mailto:xxx@yyy">　　D. <mail>xxx@yyy</mail>

13. 以下选项中,全部都是表格标记的是

A. <table><head><tfoot>　　B. <table><tr><td>

C. <table><tr><tt>　　D. <thead><body><tr>

14. 下列语句中,能产生带有数字列表符号的列表标记是

A. <ul>　　B. <dl>　　C. <ol>　　D. <list>

15. 在下列选项中,正确地产生文本区(textarea)的标记是

A. <textarea>　　B. <input type="textarea">

C. <input type="textbox">　　D. <input type="text:">

第四章　CSS基础

导入语

CSS是一种表现语言，用来格式化网页，控制字体、布局、颜色等。CSS的表现与HTML的结构相分离，所以可以改变一部分而不影响其他部分。同样，改变全局样式表中的一个规则，整个网站将立刻改变。本章主要包括CSS的基本语法、使用方法以及样式表的层次优先级等，并主要介绍了如何使用CSS和<div>标记进行布局。

考核目标

✓ 了解CSS样式表的概念及作用
✓ 掌握CSS的基本语法及其使用方法
✓ 掌握CSS的常用属性
✓ 理解使用CSS布局的方法

4.1　CSS样式表的概念与作用

CSS（Cascading Style Sheet，可译为"层叠样式表"或"级联样式表"）是一组格式设置规则，用于控制Web页面的外观。通过使用CSS样式设置页面的格式，可将页面的内容与表现形式分离。页面内容存放在HTML文档中，而用于定义表现形式的CSS规则则存放在另一个文件中或HTML文档的某一部分（通常为文件头部分）。将内容与表现形式分离，不仅可使维护站点的外观更加容易，而且还可以使HTML文档代码更加简练，缩短浏览器的加载时间。

层叠样式表解决了一个普遍的问题。HTML标记原本被设计为用于定义文档内容，通过使用<h1>、<p>、<table>这样的标记，HTML的初衷是表达"这是标题""这是段落""这是表格"之类的信息。同时，文档布局由浏览器来完成，而不使用任何的格式化标记。由于主要的浏览器不断地将新的HTML标记和属性（比如字体标记和颜色属性）添加到HTML规范中，创建文档内容清晰地独立于文档表现层的站点变得越来越困难。为了解决这个问题，万维网联盟（W3C）在HTML 4.0之外创造出样式（style）。样式表定义如何显示HTML元素，通常保存在外部的.css文件中。通过仅仅编辑一个简单的css文档，外部样式表使你有能力同时改变站点中所有页面的布局和外观。由于允许同时控制多重页面的样式和布局，CSS可以称得上Web设计领域的一个突破。作为网站开发者，能够为每个HTML元素定义样式，并将之应用于所希望的任意多的页面中。如需进行全局的更新，只需简单地改变样式，然后网站中的所有元素均会自动地更新。

4.2 CSS 的基本语法和使用方法

CSS 的定义是由三个部分构成:选择符(selector)、属性(properties)和属性的取值(value)。

语法:selector {property:value} (选择符{属性:值})

说明:

选择符可以是多种形式,一般是要定义样式的 HTML 标记,例如 body、p、table、…。可以通过此方法定义它的属性和值,属性和值要用冒号隔开,例如:body {color:black}。此例的效果是使页面中的文字为黑色。

如果属性的值由多个单词组成,则必须在值上加引号,比如字体的名称经常是几个单词的组合。例如:p {font-family:"sans serif"}(定义段落字体为 sans serif)。

如果需要对一个选择符指定多个属性,则使用分号将所有的属性和值分开。例如:p {text-align:center; color:red}(段落居中排列,并且段落中的文字为红色)。

1. 选择符组

可以把相同属性和值的选择符组合起来书写,用逗号将选择符分开,这样可以减少样式重复定义。如:h1,h2,h3,h4,h5,h6{ color:green }(这个组里包括所有的标题元素,每个标题元素的文字都为绿色);p, table{ font-size:9pt }(段落和表格里的文字尺寸为 9 号字)效果完全等效于 p { font-size:9pt }和 table { font-size:9pt}。

2. 类选择符

类选择符能够把相同的元素分类定义不同的样式。定义类选择符时,在自定义类的名称前面加一个点号。假如想使两个不同的段落一个段落右对齐,一个段落居中,则可以先定义两个类,即 p. right {text-align:right} 和 p. center {text-align:center},然后用在不同的段落里,只要在 HTML 标记里加入所定义的 class 参数:这个段落是右对齐的,这个段落是居中排列的。类选择符还有一种用法,在选择符中省略 HTML 标记名,这样可以把几个不同的元素定义成相同的样式[如,. center{text-align:center}(定义. center 的类选择符为文字居中排列)],这样的类可以被应用到任何元素上。

下面使 h1 元素(标题 1)也归为"center"类,使这个元素的样式跟随". center"这个类选择符:

```
<h1 class="center">这个标题是居中排列的</h1>
```

这个段落也是居中排列的。注意:这种省略 HTML 标记的类选择符是最常用的 CSS 方法。使用这种方法,可以很方便地在任意元素上套用预先定义好的类样式。

3. id 选择符

在 HTML 页面中,id 参数指定了某个单一元素,id 选择符是用来对这个单一元素定义单独的样式。id 选择符的应用和类选择符类似,只要把 class 换成 id 即可。id 只能在一个页面中出现一次,而 class 可以多次运用。id 选择符要在 id 名称前加上一个"#"号。和类选择符相同,定义 id 选择符的属性也有两种方法。

下面这个例子中,id 属性将匹配所有 id="intro"的元素:

```
#intro
{
```

```
    font-size:110%;
    font-style:italic;
    color:#0000ff;
    background-color:transparent
}    //字体尺寸为默认尺寸的110%;斜体;蓝色;背景颜色透明
```

下面这个例子中,id 属性只匹配 id="intro"的段落元素:

```
p#intro
{
    font-size:110%;
    font-weight:bold;
    color:#0000ff;
    background-color:transparent
}
```

注意:id 选择符局限性很大,只能单独定义某个元素的样式,一般只在特殊情况下使用。

4. 包含选择符

可以单独对某种元素包含关系定义的样式表,元素 1 里包含元素 2,这种方式只对在元素 1 里的元素 2 定义,对单独的元素 1 或元素 2 无定义,例如:

```
table a
{
    font-size:10px
}
```

在表格内的链接改变了样式,文字大小为 10 像素,而表格外的链接的文字仍为默认大小。

5. 样式表的层叠性

层叠性就是继承性。样式表的继承规则是外部的元素样式会被这个元素所包含的其他元素继承。事实上,所有在元素中嵌套的元素都会继承外层元素指定的属性值,有时会把很多层嵌套的样式叠加在一起,除非另外更改。例如在 div 标记中嵌套 p 标记:

```
div { color:red; font-size:9pt}
……
```

这个段落的文字为红色 9 号字(p 元素里的内容会继承 div 定义的属性)。注意:有些情况下内部选择符不继承周围选择符的值,但理论上这些都是特殊的。

例如,上边界属性值是不会继承的,直觉上,一个段落的段前间距不会与文档 body 的上边界值一样。另外,当样式表继承遇到冲突时,总是以最后定义的样式为准。如果上例中定义了 p 的颜色:

```
div { color:red; font-size:9pt}
p {color:blue}
……
```

这个段落的文字为蓝色 9 号字。

可以看到,段落里的文字大小为 9 号字是继承自 div 属性,而 color 属性则依照最后定义的。

不同的选择符定义相同的元素时,要考虑不同的选择符之间的优先级。id 选择符、类选择符和 HTML 标记选择符三者中，id 选择符优先级最高，其次是类选择符，HTML 标记选择符优先级最低。如果想超越这三者之间的关系，可以用!important 提升样式表的优先级，例如：

```
p{ color:#FF0000!important }
.blue{ color:#0000FF}
#id1 { color:#FFFF00}
```

这里同时对页面中的一个段落加上这三种样式，它最后会依照被!important 申明的 HTML 标记选择符样式为红色文字。如果去掉!important，则依照优先级最高的 id 选择符为黄色文字。

6. 注释：/*...*/

可以在 CSS 中插入注释来说明代码的意思，注释有利于以后编辑和更改代码时理解代码的含义。在浏览器中，注释是不显示的。CSS 注释以"/*"开头，以"*/"结尾，如下：

```
/*定义段落样式*/
p{
    text-align:center;          /*文本居中排列*/
    color:black;                /*文字为黑色*/
    font-family:arial;          /*字体为 arial*/
}
```

4.3 CSS 的层次及其作用优先级

按照从底层到高层的顺序，样式表分为行内样式表、文档层样式表和外部样式表三个层次。行内样式表只能作用于单个标记的内容，文档层样式表则能够对文档的整个主体起作用，而外部样式表可以应用到任意数目文档的主体中。从优先级顺序上讲，行内样式表优先于文档层样式表，而文档层样式表又优先于外部样式表。

1. 行内样式表

所谓行内样式表，就是说样式表是直接在元素处通过 style 这个属性定义的。例如：

```
<div style="color:blue">
    hello,world
</div>
```

显然，这种方式的样式表必须为每个元素都去定义，非常烦琐。除了个别的情况，不推荐这么做。

2. 文档层样式表

为了实现样式的共享，例如一批 div 都希望设置颜色为 blue，那么其实没有必要为每个 div 去设置一个 style，而是直接在页面层次设置其 style 即可。文档层样式表说明位于文档的头部区域，能够作用于文档的整个主体中，很显然，这是一种为文档的所有内容的呈现提供统一样式的方式。例如：

```
<style type="text/css">
    div{
        color:blue
    }
</style>
```

这段定义一般是放在 head 里面的。如此定义之后,该页面中所有的 div 就可以使用统一的颜色设置了。

3. 外部样式表

上面介绍的内部定义样式可以实现页面级别的样式共享,例如给一批 div 或者其他元素统一设置某个样式。但是在很多情况下,可能需要一个样式表能够对多个文档起作用,实现跨页面的样式共享,而这正是外部样式表的功能。例如,在 default. css 文件中有:

```
.myclass
{
    color:yellow;
}
```

然后,在页面中引用该样式表文件:

```
<link  rel="stylesheet"  href="default.css" />
```

外部样式表的链接位于文档的头部位置。如果外部样式表驻留在 Web 服务器中,那么 href 的属性值只需是完整的 Web 路径地址即可。

4.4 CSS 的属性单位

CSS 是由属性和属性值组成的,有些属性值会用到单位。CSS 中属性值的各种单位与 HTML 中有所不同,CSS 允许以各种不同的格式指定尺寸和颜色。主要有以下三类。

1. 长度单位

长度单位有:cm(厘米),em(M 字母的宽度),ex(X 字母的高度),in(英寸),mm(毫米),pc(皮卡,1 pc 为 12 pt),pt(点,1 点为 1/72 英寸),px(像素)。

其中 pc、pt、mm、cm、in 属于绝对长度单位,一般在确定了设备的物理特性之后,才可以使用绝对长度。

2. 百分比单位

百分比用于指定尺寸的比例,例如,P{line-height:150%} 表示该段文字高度为标准行高的 1.5 倍。使用百分比的时候可以使用“+”或者“-”,很显然,“+”是可以省略的,也就是说“+150%”和“150%”是一样的。百分比总是相对于另一个值而言的,这个值的单位可以是长度单位也可以是其他单位。需要注意的是正负号、数字与百分号之间不能有空格。

3. 颜色单位

在 HTML 网页或者 CSS 样式的颜色定义里,设置颜色的方式是 RGB 方式。在 HTML 标记中只提供 6 位十六进制数和颜色名称两种设置颜色方法,CSS 中指定颜色可以用 5 种方法,即:

- 颜色名。
- #RRGGBB。每种颜色以一个 6 位十六进制数表示,如 div{color:#ff0000}。
- #RGB。css 短十六进制颜色表示法,属于 Web Safe Color(网络安全色),如 Color:#100。
- Rgb(rrr, ggg, bbb)。使用 0~255 的十进制数表示一种颜色含量。
- Rgb(rrr %, ggg %, bbb %)。可使用百分比表示三原色的含量,例如 rgb(50 %, 0%, 50 %)相当于 rgb(128, 0, 128)。

4.5 CSS 的常用属性

CSS 的属性很多,下面只列举一些常用属性。

4.5.1 字体属性

1. 字体名称属性 font-family

这个属性设定字体名称,如 Arial、宋体、黑体等。例如:

```
H2 {font-family:Arial}
```

2. 字体大小属性 font-size

这个属性可以设置字体的大小。字体大小的设置可以有多种方式,最常用的就是 pt 和 px (pixel)。例如:

```
p {font-size:16pt}
```

3. 字体风格属性 font-style

这个属性有 3 个值可选:normal、italic、oblique。其中 normal 是缺省值,italic、oblique 都是斜体显示。例如:

```
H2 {font-style:italic}
```

4. 字重属性 font-weight

这个属性常用值是 normal 和 bold,其中 normal 是缺省值。例如:

```
<p style = "font-weight:bold">这段文字字体的字重属性(font-weight)值是 bold。
```

5. 字体属性 font

这个属性是各种字体属性的一种快捷的综合写法。这个属性可以综合字体风格属性(font-style)、字体变量属性(font-variant)、字体浓淡属性(font-weight)、字体大小属性(font-size)等属性。例如:

```
p {font:italic normal bold 11pt arial}
```

6. 字体颜色 color

字体颜色用 CSS 中的 color 属性来表示。

7. 文字修饰 text-decoration

主要有以下几种用法:

- text-decoration: underline;。下画线。
- text-decoration: overline;。上画线。
- text-decoration: line-through;。删除线。
- text-decoration: blink;。闪烁。

4.5.2 背景属性

1. 背景颜色属性 background-color

这个属性为 HTML 元素设定背景颜色,相当于 HTML 中的 bgcolor 属性。例如:

```
body {background-color:#99FF00;}
```

上面的代码表示 Body 这个 HTML 元素的背景颜色是翠绿色的。

2. 背景图片属性 background-image

这个属性为 HTML 元素设定背景图片,相当于 HTML 中的 background 属性。例如:

```
<body style="background-image:url(background.jpg)">
```

上面的代码为 Body 这个 HTML 元素设定了一个背景图片。

3. 背景重复属性 background-repeat

这个属性和 background-image 属性连在一起使用,决定背景图片是否重复。如果只设置 background-image 属性,没有设置 background-repeat 属性,则在缺省状态下图片既横向重复又竖向重复。

- repeat-x。背景图片横向重复。
- repeat-y。背景图片竖向重复。
- no-repeat。背景图片不重复。

例如:

```
body {background-image:url(background.jpg); background-repeat:repeat-x}
```

上面的代码表示图片横向重复。

4. 背景附着属性 background-attachment

这个属性和 background-image 属性连在一起使用,决定图片是跟随内容滚动,还是固定不动。这个属性有两个值,一个是 scroll,一个是 fixed。缺省值是 scroll。例如:

```
body { background-image:url(background.jpg);
       background-repeat:no-repeat;
       background-attachment:fixed }
```

上面的代码表示图片固定不动,不随内容滚动而动。

5. 背景位置属性 background-position

这个属性和 background-image 属性连在一起使用,决定了背景图片的最初位置。例如:

```
body { background-image:url(background.jpg);
    background-repeat:no-repeat;
    background-position:30px 60px }
```

上面的代码表示背景图片的初始位置距离网页最左面 30 px,距离网页最上面 60 px。

6. 背景属性 background

这个属性是设置背景相关属性的一种快捷的综合写法,包括 background-color、background-image、background-repeat、background-attachment、background-position。例如:

```
body {background:#99FF00 url(background.jpg) no-repeat fixed 60px 100px}
```

上面的代码表示,网页的背景颜色是翠绿色,背景图片是 background.jpg 图片,背景图片不重复显示,背景图片不随内容滚动而动,背景图片距离网页最左面 60 px,距离网页最上面 100 px。

4.5.3 CSS 边框属性

1. 边框风格属性 border-style

这个属性用来设定上下左右边框的样式,它的值如下:

- none。表示没有边框,无论边框宽度设为多大。
- dotted。表示点线式边框。
- dashed。表示破折线式边框。
- solid。表示直线式边框。
- double。表示双线式边框。
- groove。表示槽线式边框。
- ridge。表示脊线式边框。
- inset。表示内嵌效果的边框。
- outset。表示突起效果的边框。

2. 边框宽度属性 border-width

这个属性用来设定上下左右边框的宽度,它的值如下:

- medium。是缺省值。
- thin。比 medium 细。
- thick。比 medium 粗。

用长度单位定值。可以用绝对长度单位(cm、mm、in、pt、pc)或者用相对长度单位(em、ex、px)。

3. 边框颜色属性 border-color

这个属性用来设定上下左右边框的颜色。例如:

```
.dd {border-color:gray;border-style:solid;}
```

4. 边框属性 border

这个属性是边框属性的一个快捷的综合写法,它可以一起设置 border-width、border-style 和 border-color。例如:

```
.de {border:5px solid gray;}
```

5. 单边边框属性

上下左右四个边框不但可以统一设定,也可以分开设定。

设定上边框属性,可以使用 border-top、border-top-width、border-top-style、border-top-color。

设定下边框属性,可以使用 border-bottom、border-bottom-width、border-bottom-style、border-bottom-color。

设定左边框属性,可以使用 border-left、border-left-width、border-left-style、border-left-color。

设定右边框属性,可以使用 border-right、border-right-width、border-right-style、border-right-color。

4.5.4 CSS 边距属性

边距属性是用来设置页面中一个元素所占空间的边缘到相邻元素之间的距离。

1. 左边距属性 margin-left

这个属性用来设定左边距的宽度。例如:

```
.m1 {margin-left:1cm}
```

2. 右边距属性 margin-right

这个属性用来设定右边距的宽度。例如：

```
.m2 {margin-right:1cm}
```

3. 上边距属性 margin-top

这个属性用来设定上边距的宽度。例如：

```
.m3 {margin-top:1cm}
```

4. 下边距属性 margin-bottom

这个属性用来设定下边距的宽度。例如：

```
.m4 {margin-bottom:1cm}
```

5. 边距属性 margin

这个属性是设定边距宽度的一个快捷的综合写法，用这个属性可以同时设定上下左右边距属性。

可以为上下左右边距设置相同的宽度。例如：

```
.m5 {margin:1cm}
```

也可以分别设置边距，顺序是上、右、下、左，按顺时针方向分别设置边距。例如：

```
.m6 {margin:1cm 2cm 3cm 4cm}
```

上面的代码表示，上边距为 1 cm，右边距为 2 cm，下边距为 3 cm，左边距为 4 cm。

4.5.5 CSS 间隙属性

间隙属性(padding)是用来设置元素内容到元素边界的距离。

1. 左间隙属性 padding-left

这个属性用来设定左间隙的宽度。例如：

```
.p1 {padding-left:1cm}
```

2. 右间隙属性 padding-right

这个属性用来设定右间隙的宽度。例如：

```
.p2 {padding-right:1cm}
```

3. 上间隙属性 padding-top

这个属性用来设定上间隙的宽度。例如：

```
.p3 {padding-top:1cm}
```

4. 下间隙属性 padding-bottom

这个属性用来设定下间隙的宽度。例如：

```
.p4 {padding-bottom:1cm}
```

5. 间隙属性 padding

这个属性是设定间隙宽度的一个快捷的综合写法，用这个属性可以同时设定上下左右间隙属性。

可以为上下左右间隙设置相同的宽度。例如：

```
.p5 {padding:1cm}
```

也可以分别设置间隙，顺序是上、右、下、左，为顺时针方向。例如：

```
.p6 {padding:1cm 2cm 3cm 4cm}
```

上面的代码表示,上间隙为 1 cm,右间隙为 2 cm,下间隙为 3 cm,左间隙为 4 cm。

4.5.6 CSS 列表样式属性

1. 列表样式类型属性 list-style-type

这个属性用来设定列表项标记前图标的样式。有以下值:

- disc。缺省值,黑圆点。
- circle。空心圆点。
- square。小黑方块。
- decimal。数字排序。
- lower-roman。小写罗马字排序。
- upper-roman。大写罗马字排序。
- lower-alpha。小写字母排序。
- upper-alpha。大写字母排序。
- none。无列表项标记。

2. 列表样式位置属性 list-style-position

列表样式位置属性 list-style-position 有两个值:

- outside。表示以列表项内容为准对齐。
- inside。表示以列表项标记为准对齐。

3. 列表样式图片属性 list-style-image

列表项图标可以用图片来表示,用列表样式图片属性 list-style-image 来设定图片。例如:

```
ul {list-style-image: url(dot02.gif)}
```

表示用 dot02.jpg 作为列表的图标。

4. 列表样式属性 list-style

这个属性是设定列表样式的一个快捷的综合写法。用这个属性可以同时设置列表样式类型属性 list-style-type、列表样式位置属性 list-style-position 和列表样式图片属性 list-style-image。例如:

```
ul {list-style:circle inside url(dot02.gif)}
```

4.5.7 CSS 锚伪类

锚伪类是最常用的伪类,主要有 4 个,其语法和 CSS 常用语法有些不同。例如:

- a:link {color: #FF0000} 表示未被访问的链接设置为红色。
- a:visited {color: #00FF00} 表示已被访问过的链接设置为绿色。
- a:hover {color: #FFCC00} 表示鼠标悬浮在上的链接设置为橙色。
- a:active {color: #0000FF} 表示鼠标点中激活链接时设置为蓝色。

4.6 CSS 布局

1. CSS 盒模型

CSS 中的盒模型(box model)用于描述一个为 HTML 元素形成的矩形盒子。盒模型还包括为各个元素调整外边距(margin)、边框(border)、内边距(padding)和内容的具体操作。图 4-1 显示了盒模型的结构。

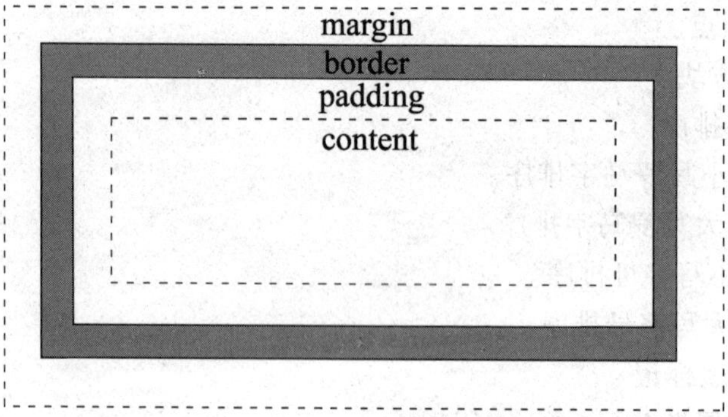

图 4-1 CSS 盒模型

(1) border(边框)

border 是元素所占有的主体区域,包括如下属性:

- 边框样式(border-style)

边框样式可取值为 dotted(点画线)、dashed(虚线)、solid(实线)、double(双线)、groove(槽状)、ridge(脊状)、inset(凹线)、outset(凸线)等。

可设置四个方向不同的边框样式:border-top-style(上边框)、border-right-style(右边框)、border-bottom-style(下边框)、border-left-style(左边框)。

- 边框粗细(border-width)
- 边框颜色(border-color)

(2) padding(内边距)

padding 指内容距离边框的区域,如:padding:20px;

可设置四边不同的填充样式。如:padding-top:20px; padding-right:15px; padding-bottom:15px; padding-left:20px;

也可以这样写:padding:20px 15px 15px 20px;(填充的值依次是上、右、下、左)

(3) margin(外边距)

margin 指边框以外所占的区域,边界部分不显示背景颜色。可设置四个方向边界,分别通过 margin-top、margin-right、margin-bottom 和 margin-left 来设置,设置方法同 padding。

2. 布局基础

布局是 Web 开发的一个重要的课题。进入 HTML/CSS 后,使用 Table 布局的方式逐渐淡出,而 CSS 布局以众多优点成为主流,基于 CSS 的布局能提供更灵活的布局方式和更强的用户视觉体验。一些重要技巧和关键点可以帮助初学者理解 CSS 布局的基础和本质。

(1) 创建 div 对象

```
<div class="center">此处显示新 div 标记的内容</div>
```

CSS 布局与传统表格(Table)布局最大的区别在于:原来的定位都是采用表格,通过表格的间距或者用无色透明的 gif 图片来控制布局板块的间距;而现在则采用层(div)来定位,通过层的 margin、padding、border 等属性来控制板块的间距。

(2) 定位属性

说到布局就不得不提到定位这个属性。定位属性 position 用于定义一个元素是否是 absolute(绝对)、relative(相对)、static(静态)或者 fixed(固定)。定位属性 position 的语法如下:

```
position:static|absolute|fixed|relative
```

static:static 值是元素的默认值,它会按照普通顺序生成,就如它们在 HTML 中的出现顺序一般。

relative:relative 使元素偏移一定的距离,偏移的方向及幅度由 top、right、bottom 和 left 属性联合指定。

absolute:absolute 使元素从 HTML 普通流中分离出来,并把它送到一个完全属于自己的定位中。通过设置 top、right、bottom 和 left 的值,可以使绝对定位的元素放置到任何地方。

(3) 浮动属性

浮动属性是 CSS 布局中非常重要的一个属性,用于控制对象的浮动布局方式。其语法如下:

```
float:none | left | right| top| bottom
```

示例如下:

```
#div1{
    height:250px;
    width:250px;
    background-color:#ff0000;
    float:left;
}
#div2{
    background-color:#ffff00;
    width:300px;
    height:18px;
    float:left;
}
```

这两个 div 的 float 属性都是 left,就是向左浮动,第二个 div 也要向左浮动,即流到第一个 div 的右边。如果不希望下一个元素环绕浮动对象,可以使用 clear(清除)属性。“clear:left”将清除左边元素,“clear:right”将清除右边元素,而“clear:both”会清除左边和右边。

注意:如果在一行空间上的浮动元素过多,超出了空间的容纳范围,它就会自动跳到下一行中,直到一行有足够的空间容纳它。

3. CSS 布局结构

(1) 单列结构

宽度固定:宽度固定主要是设置 div 对象的 width 属性。div 在默认状态下宽度将占据整行的空间。也可以设置布局对象的宽度属性为“width:200px”,高度属性为“height:250px”,因此这是一种固定宽度的布局。

宽度自适应:自适应布局能够根据浏览器窗口的大小,自动改变其宽度或高度,是一种非常灵活的布局形式。自适应布局对于不同分辨率的显示器都能提供最好的显示效果。单列宽度自适应布局只需要将宽度由固定值改为百分比值的形式即可,例如将实现的代码中的“width:200”修改为“width:80%”。

```
#divt1{
    height:250px;
    width:80%;
    background-color:#FFCC00;
    margin-top:0px;
    margin-right:auto;
    margin-left:auto;
}
```

这里就做出了一个高度为250 px、位于顶部的div。

(2)二列结构

固定结构:二列布局与单列布局类似,只不过需要两个div标记和两个CSS样式。利用float属性来实现两列式布局,CSS代码如下:

```
#divleft{
    float:left;
    height:100px;
    width:200px;
    border:10px solid #CCFF00;
    background-color:#F2FAD1;
}
#divright {
    float:left;
    height:100px;
    width:200px;
    border:10px solid #00FFCC;
    background-color:#FFFF00;
}
```

divleft和divright两个样式都使用了浮动(float)属性,该属性的值指出了对象是否浮动以及如何浮动。float表示浮动,使用left时,对象向左浮动,因此对于第2个div来说,将向左浮动,即流到第1个div对象的右侧。使用right时,对象将向右浮动。如果将#divright的float值设置为right,将使得#divright对象浮动到网页的右侧,而#divleft对象由于设置了“float:left”属性而浮动到了网页的左侧。

这里没有设置margin属性,但是设置了float属性,那么divleft和divright会紧紧地贴在一起。但是如果设置了 margin 属性,将会调整两个样式之间的距离,如果在样式#divleft 和#divright 中添加"margin:10px",则第 2 个 div 和第 1 个 div 之间会保留 20 px 的距离。

二列自适应宽度:对于二列式布局方式,除了固定宽度,还可以像表格一样做到自适应宽度。从单列自适应布局中可以看出,将宽度值设定成百分比即可实现自适应。

重新定义 CSS 代码如下:

```
#divleft {
    margin:10px;
    float:left;
    height:250px;
    width:30% ;
    border:10px solid #ccff00;
    background-color:#f2aad1;
}
#divright {
    margin:10px;
    float:right;
    height:250px;
    width:50% ;
    border:10px solid #00ffcc;
    background-color:#ffff00;
}
```

左栏设置宽度为 30%,右栏设置宽度为 50%。这种二分法是常见的一种网页布局结构,左侧一般都是导航,右侧是内容。

注意:上面的结构采用百分比宽度,但是没有占满整个浏览器窗口。如果将右栏的宽度设置为 70%,那么右栏将被挤到第 2 行,从而就失去了左右分栏的效果了。这个问题的原因是由 CSS 盒模型引起的。在 CSS 布局中,一个对象的真实宽度是由对象的宽度、左右填充、左右边框、左右边界相加组成的。因此,左栏的宽度不仅仅是浏览器窗口宽度的 30%,还应当加上左右填充、左右边框、左右边界。右栏的宽度也应当是浏览器窗口的 70%,加上左右填充、左右边框、左右边界。因此,最终的宽度超过了浏览器窗口的宽度,从而使右栏被挤到了第 2 行显示。

左列固定、右列自适应:在实际使用时,有时需要左栏固定,右栏根据浏览器窗口的大小自动适应。实现的方法很简单,只需要将左侧宽度设置为固定值,右栏不设置任何宽度值,并且右栏不浮动。

```
#divleft {
    float:left;
    height:250px;
    width:20% ;
    border:10px solid #ccff00;
    margin:10px;
```

```
        background-color:#f2fad1;
    }
    #divright {
        height:250px;
        margin:10px;
        border:10px solid #ccff00;
        background-color:#ffff00;
    }
```

最后总结一下定位属性的描述,如表 4-1 所示。

表 4-1 定位属性及功能

属性	功能
clear	设置一个元素的侧面是否允许其他的浮动元素
cursor	规定当指向某元素之上时显示的指针类型
display	设置是否及如何显示元素
float	定义元素在哪个方向浮动
position	把元素放置到一个静态的、相对的、绝对的或固定的位置中
visibility	设置元素是否可见

前面的属性基本都已经提过,这里演示一下 visibility 的用法:

```
<html>
<head>
<style type="text/css">
h1.visible {visibility:visible}
h1.invisible {visibility:hidden}
</style>
</head>
<body>
<h1 class="visible">这是可见的标题</h1>
<h1 class="invisible">这是不可见的标题</h1>
</body>
</html>
```

这样就可以显示或隐藏一些文本或者图片。

小结

CSS 的引入为指定 HTML 文档的呈现细节提供了一种既统一又一致的方法,样式表分为 3 个层次:行内样式表、文档层样式表和外部样式表。优先级是行内样式表大于文档样式表,文档样式表大于外部样式表。样式类是在<style>中的内容定义的，它能够使得同样的标记在不同的位置有不同的属性值，通过样式类说明能够使得不同名称的标记使用同样的样式。CSS 中定义了许多种不同的属性值格式，包括长度值、百分比值、URL、颜色等。

在 CSS 布局中，<div>是一个常用的标记，利用这个标记，加上 CSS 对其样式的控制，可以很方便地实现各种效果，其中常用的一些属性包括 float、position、margin、padding、background 等。

习题

选择题

1. CSS 的全称是

   A. Computer Style Sheets　　B. Cascading Style Sheets

   C. Creative Style Sheets　　D. Colorful Style Sheets

2. 在 HTML 文档中，引用外部样式表是在

   A. 文档的末尾　　B. <title>部分　　C. <body> 部分　　D. <head> 部分

3. 在以下的语句中，正确引用外部样式表的语句是

   A. <style src = "mystyle.css">

   B. <link rel = "stylesheet" type = "text/css" href = "mystyle.css">

   C. <stylesheet>mystyle.css</stylesheet>

   D. <link src = "mystyle.css">

4. 下列属性选项中，用来定义内联样式的是

   A. font　　B. class　　C. styles　　D. style

5. 下列正确地在 CSS 文件中插入注释的语句是

   A. // this is a comment　　B. // this is a comment //

   C. /* this is a comment */　　D. ' this is a comment

6. 下列符合 CSS 语法的正确语句是

   A. body:color=black　　B. {body;color:black}

   C. body {color: black;}　　D. {body:color=black}

7. 下列代码中能够将所有 p 标记内文字加粗的是

   A. <p style = "text-size:bold">　　B. <p style = "font-size:bold">

   C. p{text-size:bold}　　D. p {font-weight:bold}

8. 下列 CSS 属性中，控制文本尺寸的属性是

   A. font-size　　B. text-style　　C. font-style　　D. text-size

9. 在 CSS 的长度单位中，1 pc 等于

   A. 8 pt　　B. 10 pt　　C. 12 pt　　D. 14 pt

10. 改变某个元素的文本颜色的 CSS 属性是

    A. text-color　　B. Fgcolor　　C. color　　D. text-color

11. 下列可用于改变页面背景颜色的属性是

    A. bgcolor　　B. background-color　　C. color　　D. backcolor

12. 下列语句中，显示没有下画线的超链接的语句是

    A. a {text-decoration:none}　　B. a {text-decoration:no underline}

    C. a {underline:none}　　D. a {decoration:no underline}

13. 下列样式中,能够显示这样一个边框:上边框 10 像素、下边框 5 像素、左边框 20 像素、右边框 1 像素,它是

A. border-width:10px 5px 20px 1px　　B. border-width:10px 20px 5px 1px

C. border-width:5px 20px 10px 1px　　D. border-width:10px 1px 5px 20px

14. 下列语句中,能设置活动状态超链接颜色的是

A. a:link {color: #FF0000}　　B. a:visited {color: #00FF00}

C. a:hover {color: #FFCC00}　　D. a:active {color: #0000FF}

15. CSS 使用 HTML 标记构建页面布局时,这个标记是

A. <dir>　　B. <div>　　C. <dif>　　D. <dis>

第五章　JavaScript语言基础

导入语

JavaScript 语言是一门解释性的脚本语言，其优点之一是比较容易学习和掌握，但是千万不要小看 JavaScript 的能力，它能完成许多相当复杂的编程任务。本章首先对 JavaScript 语言的基础知识进行简单的介绍，包括 JavaScript 语言的特点、作用。然后详细介绍 JavaScript 的基本语法，主要包括关键字、标识符、数据类型、字符串、数组、运算符和表达式等。接下来介绍 BOM 的概念与基本编程方法，它们是 JavaScript 编程的重要方面。然后介绍 JavaScript 的常用事件及其处理方法，并通过实例介绍如何应用 JavaScript 来处理表单。最后介绍 DOM 的基本概念和作用。

考核目标

✓ 了解 JavaScript 语言的作用和特点
✓ 掌握 JavaScript 的语法规范
✓ 掌握 6 个重要的浏览器对象
✓ 掌握 JavaScript 常用事件及其处理方法
✓ 掌握 JavaScript 对表单的操作方法
✓ 了解 DOM 的基本概念和作用

5.1　JavaScript 语言的作用和特点

JavaScript 语言的前身是美国 Netscape 公司开发的 LiveScript 语言。自从美国 Sun Microsystem 公司推出著名的 Java 程序设计语言后，Netscape 公司又引进了 Sun Microsystem 公司有关的 Java 的程序设计概念，将原来的 LiveScript 语言重新进行开发和设计，并更名为 JavaScript。所以，可以将 JavaScript 语言看成是 Java 语言的某种简化版本。

实际上，嵌入 HTML 文档中的 JavaScript 源代码是作为 HTML 文档的一部分而存在的，所以初学者可以轻松地掌握它。在用户使用任何一种支持 JavaScript 语言的浏览器来浏览具有 JavaScript 源代码的 HTML 网页时，浏览器本身就可以对该 HTML 网页进行分析和识别，最终解释并执行用 JavaScript 语言编写的源代码。

JavaScript 语言可以分为 3 个部分：核心、客户机端和服务器端。核心是语言的内核，包含操作符、表达式、语句和子程序。在客户机端应用的 JavaScript 语言是一组对象的集合，利用这些对象可以对浏览器和用户交互进行控制。比如，利用 JavaScript、HTML 文档可以对单击鼠标和键盘操作等用户输入信息作出反应。应用于服务器端的 JavaScript 也是一组对象的集合，这些对象可以应用于 Web 服务器编程，比如，支持与数据库管理系统之间的通信。

使用 JavaScript 语言可以让开发人员灵活地设计 Web 页面，可以将一个 Web 页面中的文字、图形、声音、动画和视频等各种媒体信息组合在一起，构成丰富多彩的信息资源。JavaScript 语言的特点如下：

- 分布式运算。在 JavaScript 脚本描述语言中，允许多种任务仅在客户机上就可以完成而不需要网络环境和服务器参与，从而实现分布式运算。
- 安全可靠。JavaScript 语言是构筑在 Java 语言和控制结构上的脚本描述语言，不允许访问本地硬盘，不允许将数据存放到服务器中，只能通过浏览器实现信息浏览和动态交互。
- 容易移植。传统的提交和验证数据的工作一般是由客户机浏览器通过计算机网络传输到服务器上进行的，如果数据量很大，则对于网络和服务器的软硬件资源而言是一种很大的浪费，在 JavaScript 语言出现以后，就可以在提交数据前由客户机的 JavaScript 语言实现自动验证处理，这些操作是与具体计算机系统无关的。
- 使用浏览器对象。在 JavaScript 脚本描述语言中，用户可以非常方便地操纵各种浏览器对象，并对浏览器的外观、状态、运行模式进行控制。用户可以根据自己的需要“定制”浏览器，从而使网页内容更加丰富多彩。

从发布网页的角度来看，JavaScript 语言的解释特性比编译性语言更易于使用，从翻译技术上来看，JavaScript 语言是一种解释性的脚本描述语言，它并不需要对 JavaScript 程序进行翻译而产生可执行的机器代码。实际上，JavaScript 程序只是在执行时才由内置于浏览器的 JavaScript 解释器将源代码动态地处理成可执行代码。

5.2 JavaScript 语法

5.2.1 常量

在 JavaScript 语言中，常量分为以下几类：

(1) 整型常量。以 0 开头的是八进制数，例如 065。以 0x 开头的是十六进制数，例如 0xff。其余的都是十进制。

(2) 浮点常量。如 12.8、1.2e-7。

(3) 布尔常量。有 true 和 false。

(4) 字符串常量。如"你好"、"123"。

(5) 转义字符。如'\n'代表换行，'\t'代表 Tab 符。

(6) Undefined。表示没被定义的值，不能用于计算。

(7) Null。代表空值，不能用于计算。

说明：在 JavaScript 语言中没有其他语言中的字符常量，这需要用字符串代替。

5.2.2 变量

JavaScript 语言中的变量声明用关键字 var 引导，变量的类型取决于它的声明方式。

声明原始类型的变量：

```
var 变量名 = 值;
```

例如：

```
var x;
var b = true;
var k = 20;
var s = "abc";
```

变量 x 没有指定值，它的值默认为 Undefined，变量 b 为 Boolean 型，变量 k 为 Number 型，变量 s 为 String 型。

声明引用类型的变量：

```
var 变量名 = new 类型名(初值);
```

例如：

```
var bb = new Boolean(false);
var str = new String("Hello");
var arr = new Array("red","yellow","blue");
```

变量 bb 是 Boolean 对象，变量 str 是 String 对象，变量 arr 是 Array 对象。

JavaScript 语言的变量是弱类型的，变量的类型主要取决于它的值，你可以随时更改它的类型。

例如：

```
var i;
i = 20;
i = "red";
```

声明时变量 i 是 Undefined 类型，赋值一个整数后，它成为 Number 类型，赋值为字符串后，又成为 String 类型。

5.2.3 类型

JavaScript 语言的数据类型可分为两大类：原始类型、引用类型。原始类型变量的值存放在栈中，访问变量时可直接访问到变量的值。引用类型变量在栈中存放的是指针，其值另外存放在堆中，需要通过指针才能访问。

1. 原始类型

包括 Undefined、Null、Boolean、Number、String 五种。

- Undefined 类型：值为 undefined，代表一个未定义的量。
- Null 类型：值为 null，一般用作占位符，表示一个尚不存在的对象。
- Boolean 类型：值为 false 或 true，一般用于条件表达式中。
- Number 类型：值为数字，可进行数值计算。
- String 类型：值为字符串，可进行字符串处理。

2. 引用类型

所有对象都是引用类型，包括 Boolean、Number、String、Array、Date、Math 等。其中，Boolean、Number、String 既可以是原始类型，也可以是引用类型。

引用类型的变量除了可以访问变量的值以外，还提供了若干属性和方法。

5.2.4 运算符

JavaScript 语言中的运算符和 C 语言基本相同,优先级也相同。

- 算术运算符:+(加)、-(减)、*(乘)、/(除)、%(取模)、++(增量)、--(减量)、-(取负)。
- 逻辑运算符:&&(与)、||(或)、!(非)。
- 比较运算符:>(大于)、>=(大于等于)、<(小于)、<=(小于等于)、==(等于)、!=(不等于)、===(严格相等)、!==(不严格相等)。注:"相等"只要求值相等,"严格相等"要求值相等且类型相同。如:1=="1" 是 true,而 1==="1" 是 false。
- 位运算符:&(位与)、|(位或)、^(位异或)、~(按位取反)、<<(左移)、>>(右移)、>>>(填 0 右移)。
- 赋值运算符:=(赋值)、op=(运算赋值)。注:运算赋值中的运算符可以是算术运算符或位运算符。如:"x+=10"表示"x=x+10"。
- 条件运算符:条件? 表达式 1 :表达式 2。注:若条件为 true,值为表达式 1 的值,否则为表达式 2 的值。
- 字符串连接运算符:+、+=。如:"every"+"one"的结果为"everyone"。注:连接的项目中可以包括字符串、常量、变量,不需要都是字符串,只要项目中有一个是字符串就会按字符串进行连接。如:"ex"+20+"b"的结果为"ex20b"。
- new 运算符:用于创建一个对象。如:new Array() 表示生成一个数组对象。
- delete 运算符:用于删除一个对象。

5.2.5 语句

JavaScript 语句用";"分隔,但没有分号也可以正常使用,不过应该养成书写分号的习惯。

(1) 表达式语句

```
x=1;
x++;
```

(2) 条件语句:if … else …

```
if( x>0 )
    k = "A";
else
    k = "B";
```

(3) 多路分支语句:switch … case …

```
switch( a )
{
  case 1:x = "A"; break;
  case 2:x = "B"; break;
  case 3:x = "C"; break;
  default:x = "D";
}
```

(4) 循环语句:while

```
while( x<5 )
{
  y += x;
  x++;
}
```

(5) 循环语句:do … while

```
do
{
  y += x;
  x++;
}while( x<5 );
```

(6) 循环语句:for

```
for( i=1; i<=10; i++ )
{
  x += 2;
}
```

(7) 退出循环:break、continue

break 语句可退出循环语句或 switch 语句。

continue 语句可结束本次循环,并开始下一次循环。

5.3 JavaScript 函数

JavaScript 语言中的函数与其他基于 C 语言的编程语言,如 C、C++和 PHP 中的函数类似。

函数定义包含了函数的标题与一组复合语句,这组复合语句称为函数的主体,用于描述函数的操作。函数标题包含 function、函数的名称和一对括号,括号中包含了函数的参数,当然,前提是函数有参数。return 语句的作用是将控制从该语句所在的函数中返回到函数的调用者中,该语句可以包含一个表达式,该表达式的值就是函数的返回值。一个函数主体可以包含一个乃至多个 return 语句。如果函数中没有包含 return 语句,或者某个 return 语句没有包含表达式,那么函数的返回值为 undefined;如果程序执行到了函数体的最后却没有执行 return 语句,函数最终也将返回 undefined。

JavaScript 函数用关键字 function 定义。定义格式为:

```
function 函数名(参数表)
{
    函数体
}
```

函数是通过函数调用来执行的:

```
函数名(实际参数)
```

函数可以有一个返回值,有返回值的函数可以作为表达式使用。

在函数内部定义的变量如果使用了 var 修饰,为局部变量,它们只在函数内有效,离开函数后就不存在了。如果函数内定义的变量没有用 var 修饰,或者变量在函数之外定义的,则为全局变量。

例如:

```
var a, b;
function switch( )
{
  var t;
  t = a;
  a = b;
  b = t;
}
```

本例是一个交换两个变量值的函数,由于一个函数只能返回一个值,所以只能通过全局变量获得交换的结果。

说明:JavaScript 语言不支持行内变量定义,所以函数内的所有变量最好都在函数开始处声明,这样才能保证它们是局部变量。如果在语句中应用了一个未声明的变量,它会自动成为全局变量,有可能影响其他函数的执行。

5.4　JavaScript 语言的使用方法

下面编写第一个 JavaScript 程序,通过它说明 JavaScript 脚本是怎样被嵌入到 HTML 文档中的。

【例 5.4.1】

```
<html>
<body>
<script type="text/Javascript">
  document. write( "Hello, world" );
  document. write( "<br><p>" );
  document. write( "第一个 Javascript 程序" );
</script>
</body>
</html>
```

用浏览器打开这个文件,会看到浏览器中显示以下输出:

```
Hello, world
第一个 Javascript 程序
```

程序中,document. write( )是一个标准的 JavaScript 命令,用来向页面输出。

在上述示例中,使用标记<script>将 JavaScript 脚本嵌入 HTML 页面中,并使用类型属性来定义脚本语言的类型为 Javascript。因此,<script type="text/Javascript">和</script>定义了 JavaScript 程序的开始和结束的位置。(注:JavaScript 语言是所有现代浏览器以及 HTML 5 中的默认脚本语言,"type=text/Javascript"现在可以省略。)

可以将<script>......</script>标识放入<head>...</head>或<body></body>之间。也可以把脚本保存到外部文件中。外部文件通常包含被多个网页使用的代码。外部 JavaScript 文件的扩展名是 .js。外部 .js 文件中不能有<script></script>标识。

如需使用外部文件,需要在<script>标记的 src 属性中设置该 .js 文件。例如:

```
<html>
<body>
<script src="myScript.js"></script>
</body>
</html>
```

5.5 JavaScript 内置对象

作为一门编程语言,JavaScript 提供了一些内置的对象和函数。内置对象为编程提供几种最常用的功能。JavaScript 内置对象有以下几种。

- String 对象:处理所有的字符串操作。
- Math 对象:处理所有的数学运算。
- Date 对象:处理日期和时间的存储、转化和表达。
- Array 对象:提供一个数组的模型,存储大量有序的数据。
- Global 对象:提供 JavaScript 初始化时的特殊对象。

内置对象都有自己的方法和属性,访问方法如下:

```
对象名.属性名称
对象名.方法名称(参数表)
```

5.5.1 String 对象

String 对象提供了对字符串的支持。使用如下的方式可以创建一个 String 对象:

```
var str= new String ("test");
```

或者

```
var str="test";
```

String 对象只有一个属性,即 length,它表示字符串中的字符个数。

String 对字符串的处理主要提供了下列方法:

- anchor("name")　用来把字符串转换为 HTML 锚点标记。
- big()　返回 HTML big 标记定义的大字体。
- blink()　把字符串中的文本变成闪烁字体。
- bold()　把字符串中的文本加粗。
- fixed()　把字符串中的文本变成固定间距字体。

- fontcolor(color) 设置字符串中文本的颜色。
- fontsize(size) 把字符串中的文本变成指定大小。
- italics() 把字符串中的文本变成斜体。
- link(url) 用来把字符串转换成 HTML 链接标记。
- small() 把字符串中的文本变成小字体。
- strike() 把字符串中的文本变成划掉字体(如~~ABC~~)。
- sub() 把字符串中的文本变成下标(subscript)字体。
- sup() 把字符串中的文本变成上标(superscript)字体。
- charAt(index) 返回指定索引处的字符。
- charCodeAt(index) 返回一个整数,该整数表示 String 对象中指定位置处的字符的 Unicode 编码。
- concat(string2) 连接两条或多条字符串。
- fromCharCode(num1, num2, …, numN) 获取指定的 Unicode 值并返回字符串。
- indexOf(searchString, startIndex) 返回字符串中第一个出现指定字符串的位置。
- lastIndexOf(searchString,startIndex) 返回字符串中最后一个出现指定字符串的位置。
- match(regex) 在字符串中找到一个或多个正则表达式的匹配。
- replace(regex,newString) 将字符串中的某些字符替换成其他字符。
- search(regex) 针对某指定值对字符串进行查找。
- slice(startIndex,endIndex) 将部分字符抽出并在新的字符串中返回抽取部分。
- split(delimiter) 将字符串分割为数组。
- substr(startIndex, length) 从 startIndex 处开始取 length 个字符。
- substring(startIndex, endIndex) 取 startIndex 和 endIndex 之间的字符,不包括 endIndex。
- toLowerCase() 把字符串中的文本变成小写。
- toUpperCase() 把字符串中的文本变成大写。
- toSource() 显示对象的源代码。
- valueOf() 返回字符串对象的原始值。

String 对象中的函数使用很简单,下面的例子使用字符串对象的 toUpperCase()方法将字符串转换为大写:

```
var txt="Hello world!";
document.write(txt.toUpperCase());
document.write(txt.length);
```

上面的代码输出为:

```
HELLO WORLD!
12
```

5.5.2 Math 对象

Math 对象提供了一组数学常数的定义和数学函数,使用 Math 对象可以在 JavaScript 程序中进行常用的数学运算。下面具体介绍 Math 对象的属性、方法及其使用说明。

Math 对象具有以下属性：

- E 欧拉常量，自然对数的底(约等于2.718)。
- LN2 2的自然对数(约等于0.693)。
- LN10 10的自然对数(约等于2.302)。
- LOG2E 以2为底的e的对数(约等于1.442)。
- LOG10E 以10为底的e的对数(约等于0.434)。
- PI π的值(约等于3.14159)。
- SQRT1_2 返回2的平方根的倒数(约等于0.707)。
- SQRT2 返回2的平方根(约等于1.414)。

Math 对象具有以下方法：

- abs(x) 返回x的绝对值。
- acos(x) 返回x的反余弦值。
- asin(x) 返回x的反正弦值。
- atan(x) 返回x(x位于$-\pi/2$和$\pi/2$之间)的反正切值。
- atan2(x,y) 返回(x,y)位于$-\pi$到π之间的角度。
- ceil(x) 返回x四舍五入后的最大整数。
- cos(x) 返回x的余弦值。
- exp(x) 返回e的指数。
- floor(x) 返回x四舍五入后的最小整数。
- log(x) 返回x的以e为底数的自然对数值。
- max(x,y) 返回x和y之中较大的数。
- min(x,y) 返回x和y之中较小的数。
- pow(x,y) 返回x的y次幂。
- random() 返回位于0到1之间的随机数。
- round(x) 返回x的四舍五入后取整值。
- sin(x) 返回x的正弦值。
- sqrt(x) 返回x的平方根。
- tan(x) 返回x的正切值。
- toSource() 显示对象的源代码。
- valueOf() 返回数学对象的原始值。

下面的代码使用了 Math 对象的 round 方法对一个数进行四舍五入：

```
document.write(Math.round(4.8));
```

上面的代码输出为：

```
5
```

下面的例子使用了 Math 对象的 floor()方法和 random()来返回一个介于0～10之间的随机数：

```
document.write(Math.floor(Math.random()*11));
```

5.5.3 Date 对象

Date 对象提供了与日期、时间相关的操作功能，Date 对象具有多种构造函数，常用的有：

- new Date( )
- new Date(datestring)
- new Date(year, month)
- new Date(year, month, day)
- new Date(year, month, day, hours)
- new Date(year, month, day, hours, minutes)
- new Date(year, month, day, hours, minutes, seconds)

其中，datestring 表示日期与时间的字符串，year、month、day 分别表示年、月、日，hours、minutes、seconds 分别表示时、分、秒。

创建 Date 对象的示例如下：

```
var d=new Date();          //创建一个代表当前时间的 date 对象
var d=new Date(2006,5,9,7,40,0,0);  /* 创建一个 Date 对象，分别指定年、月、日、小
                                       时、分、秒、毫秒值 */
```

Date 对象的方法如下所示：

- getDay( ) 返回一周中的第几天(0 ~ 6)。
- getYear( ) 返回年份。2000 年以前为 2 位，2000 年(含)以后为 4 位。
- getFullYear( ) 返回完整的 4 位年份数。
- getMonth( ) 返回月份数(0 ~ 11)。
- getDate( ) 返回日(1 ~ 31)。
- getHours( ) 返回小时数(0 ~ 23)。
- getMinutes( ) 返回分钟(0 ~ 59)。
- getSeconds( ) 返回秒数(0 ~ 59)。
- getMilliseconds( ) 返回毫秒(0 ~ 999)。
- getUTCDay( ) 依据国际时间来得到现在是星期几(0 ~ 6)。
- getUTCFullYear( ) 依据国际时间来得到完整的年份。
- getUTCMonth( ) 依据国际时间来得到月份(0 ~ 11)。
- getUTCDate( ) 依据国际时间来得到日(1 ~ 31)。
- getUTCHours( ) 依据国际时间来得到小时(0 ~ 23)。
- getUTCMinutes( ) 依据国际时间来返回分钟(0 ~ 59)。
- getUTCSeconds( ) 依据国际时间来返回秒(0 ~ 59)。
- getUTCMilliseconds( ) 依据国际时间来返回毫秒(0 ~ 999)。
- getTime( ) 返回从 1970 年 1 月 1 日 00:00:00 到现在一共花去的毫秒数。
- getTimezoneoffset( ) 返回时区偏差值，即格林尼治平均时间(GMT)与运行脚本的计算机所处时区设置之间相差的分钟数。
- parse(dateString) 返回在 dateString 字符串中自从 1970 年 1 月 1 日 00:00:00 以来的毫秒数。

- setYear(yearInt) 设置年份,2 位数或 4 位数。
- setFullYear(yearInt) 设置年份,4 位数。
- setMonth(monthInt) 设置月份(0 ~ 11)。
- setDate(dateInt) 设置日(1 ~ 31)。
- setHours(hourInt) 设置小时数(0 ~ 23)。
- setMinutes(minInt) 设置分钟数(0 ~ 59)。
- setSeconds(secInt) 设置秒数(0 ~ 59)。
- setMilliseconds(milliInt) 设置毫秒(0 ~ 999)。
- setUTCFullYear(yearInt) 依据国际时间来设置年份。
- setUTCMonth(monthInt) 依据国际时间来设置月(0 ~ 11)。
- setUTCDate(dateInt) 依据国际时间来设置日(1 ~ 31)。
- setUTCHours(hourInt) 依据国际时间来设置小时。
- setUTCMinutes(minInt) 依据国际时间来设置分钟。
- setUTCSeconds(secInt) 依据国际时间来设置秒。
- setUTCMilliseconds(milliInt) 依据国际时间来设置毫秒。
- setTime(timeInt) 设置从 1970 年 1 月 1 日开始的时间(毫秒数)。
- toGMTString() 根据格林尼治时间将 Date 对象的日期(一个数值)转变成一个 GMT 时间字符串,如:Weds,15 June 1997 14:02:02 GMT。
- toUTCString() 根据国际标准时间将一个 Date 对象的日期转换为一个字符串。
- toLocaleString() 根据本地时间把 Date 对象转换为字符串,并返回结果。
- toSource() 显示对象的源代码。
- toString() 将日期对象转换为字符串。
- UTC(yyyy, mm, dd, hh, mm, ss, msec) 返回从格林尼治标准时间到指定时间的差距,单位为毫秒。
- valueOf() 返回日期对象的原始值。

5.5.4 Array 对象

Array 对象是 JavaScript 的内置对象,它提供了对数组的支持,其作用是使用一个变量名来存取一组数据。通过以下几种方法都可以创建一个 Array 对象:

```
var arr =new Array( );            //创建一个空数组
var arr=[ ];                      //创建一个空数组
var arr=new Array(10);            //创建一个长度为 10 的数组
var arr=[1,2,3];                  //创建数组,其元素为 1、2、3
```

Array 对象的方法如下:

- concat(array1,array*n*) 将两个或两个以上的数组值连接起来,合并后返回结果。
- join(string) 将数组中元素合并为字符串,string 为分隔符。如省略参数则直接合并,不再分隔。
- pop() 移除数组中的最后一个元素并返回该元素。

- push(value)　在数组的末尾加上一个或多个元素,并且返回新的数组长度值。
- reverse( )　颠倒数组中元素的顺序,反向排列。
- shift( )　移除数组中的第一个元素并返回该元素。
- slice(start, end)　返回一个新的数组,包含原有数组中从 start 到 end(不包括该元素)的元素。
- sort(compare Function)　在未指定排序号的情况下按照元素的字母顺序排列,如果不是字符串类型则转换成字符串再排序,返回排序后的数组。
- splice( )　为数组删除并添加新的元素。
- toSource( )　显示对象的源代码。
- toString( )　将数组所有元素合并成一个字符串并返回,数组元素间用逗号分隔。
- unshift(value)　为数组的开始部分加上一个或多个元素,并且返回该数组的新长度。
- valueOf( )　返回数组对象的原始值。

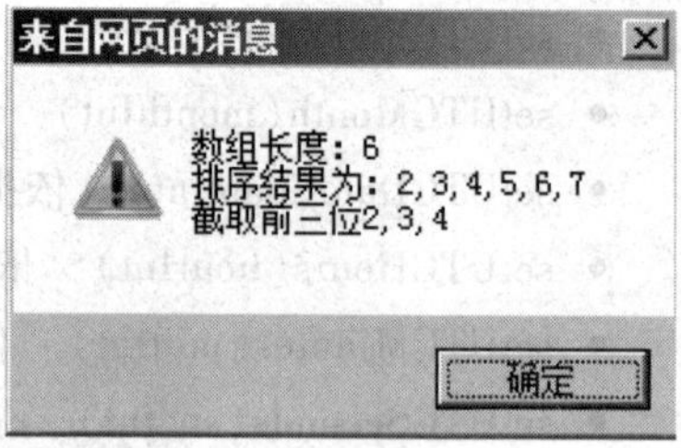

图 5-1　array 对象的使用示例

数组是通过数组名以及索引号来访问数组中的元素,数组元素的索引号是从 0 开始的。

【例 5.5.1】array 对象的使用(如图 5-1 所示)。

```
<script type="text/JavaScript" >
    var arr=[5,6,7,2,3,4];
    alert("数组长度:"+arr.length+"\n"+"排序结果为:"+ arr.sort()+"\n"+"截取前三
        位"+ arr.slice(0,3));
</script>
```

5.5.5　Global 对象

Global 对象是一种由 JavaScript 脚本引擎在初始化时创建的特殊对象,在不同的宿主环境下,它具有不同的含义,在浏览器中,Global 对象就是浏览器对象模型中的 window 对象。使用 Global 对象的属性和方法无须引用 Global,如果指明了 Global 对象反而会报错,这是因为 Global 对象实际上是一个概念,而非对象的实际名称。Global 对象定义的属性和方法如下所示。

属性:

- Infinity　指定一个正无穷大的数值。
- NaN　指定一个“非数字”值。
- undefined　指定一个未被赋值的变量。

方法:

- decodeURI( )　为加密的 URI 进行解码。
- decodeURIComponent( )　为加密的 URI 组件解码。
- encodeURI( )　将字符串加密为 URI。
- encodeURIComponent( )　将字符串加密为 URI 组件。

- escape(string) 加密一个字符串。
- unescape() 对由 escape()加密的字符串进行解码。
- eval(string) 判断一个字符串并将其以脚本代码的形式执行。
- isFinite(number) 检测一个值是否为一个有限数字,返回 true 或 false。
- isNaN(string) 检测一个字符串是否是非数字值。
- Number(object) 将一个对象的值转换为一个数字。
- parseFloat(string) 将一个字符串解析为一个浮点数字。
- parseInt(string) 将一个字符串解析为一个整数。不是四舍五入操作,而是切尾。
- String(object) 将一个对象值转换为一个字符串。

另外,JavaScript 的内置对象还有:对象(Object)对象、正则表达式(RegExp)对象、数字(Number)对象、函数(Function)对象、布尔(Boolean)对象、错误(Error)对象。

5.6 浏览器对象模型 BOM

在 JavaScript 中对象之间并不是独立存在的,对象与对象之间有着层次关系。如 document 对象是 window 对象的子对象,window 对象是 document 对象的父对象等。浏览器对象模型(Browser Object Model,BOM)就是用于描述这种对象与对象之间层次关系的模型,该对象模型提供了独立于内容的、可以与浏览器窗口进行互动的对象结构。BOM 由多个对象组成,其中代表浏览器窗口的 window 对象是 BOM 的顶层对象,其他对象都是该对象的子对象。

BOM 提供了一组以 window 为核心的对象,实现了对浏览器窗口的访问控制。BOM 中定义了 6 种重要的对象:

- window 对象 表示浏览器中打开的窗口。
- document 对象 表示浏览器中加载页面的文档对象。
- location 对象 包含了浏览器当前的 URL 信息。
- navigator 对象 包含了浏览器本身的信息。
- screen 对象 包含了客户机屏幕及渲染能力的信息。
- history 对象 包含了浏览器访问网页的历史信息。

除了 window 对象外,其他的 5 个对象都是 window 对象的属性。

5.6.1 window 对象

window 对象表示浏览器中打开的窗口,提供关于窗口状态的信息。可以用 window 对象访问窗口中绘制的文档、窗口中发生的事件和影响窗口的浏览器特性。浏览器在打开 HTML 文档时生成 window 对象。如果文档定义一组帧,则浏览器对原文档生成一个 window 对象,并对每个帧生成 window 对象。这些对象是原父窗口的子窗口。父窗口中的动作会影响子窗口,例如,如果关闭父窗口,则子窗口也关闭。也可以通过用 showModalDialog 方法生成新窗口,从而生成新的 window 对象。window 对象提供的功能主要分为以下 5 类:

(1) 调整窗口大小

(2) 打开新窗口

(3) 系统对话框

(4) 状态栏控制

(5) 定时操作

1. 调整窗口的大小和位置

在 JavaScript 中可以使用 window. moveBy、window. moveTo、window. resizeBy 和 window. resizeTo这 4 个方法调整窗口的大小和位置。

- window. moveBy 将浏览器的窗口移动到指定的距离。例如,window. moveBy(20, 20)就是将浏览器右移 20 px,然后下移 20 px。
- window. moveTo 该方法将浏览器窗口移动到指定的位置。例如,window. moveTo(20, 20)就是将浏览器窗口移动到(20,20)的位置上。
- window. resizeBy 该方法将浏览器窗口的大小改变成指定的宽度和高度。例如,window. resizeBy(20, 20)就是将浏览器窗口的宽度和高度分别增大 20 px。
- window. resizeTo 该方法将浏览器窗口大小改变为指定的宽度和高度。例如,window. resizeTo(20, 20)就是将高度和宽度分别设置为 20 px。

2. 打开新窗口

打开新窗口的方法是 window. open,这个方法在 Web 编程中经常使用,用法如下:

```
window. open(url,target,options);
```

其中,url 为打开的浏览器窗口要加载的 URL,如果未指定参数,则默认加载“about:blank”;target 为新打开的浏览器窗口的定位目标或者名称;options 为新打开的窗口的规格。options 参数由多个选项组成,选项之间用逗号分隔,每个选项均包含了选项的名称和值。options 参数可能的选项包括:

- Height 窗口的高度。
- Width 窗口的宽度。
- Left 窗口左边缘的位置。
- Right 窗口右边缘的位置。
- Top 窗口上边缘的位置。
- Fullscreen 是否是全屏,默认值为 no。
- Menubar 是否显示菜单栏,默认值为 yes。
- Toolbar 是否显示工具条,默认值为 yes。

3. 系统对话框

当某些事件发生时,我们需要通过系统对话框向用户提供信息,这类方法包括 window. alert、window. confirm、window. prompt。

- window. alert 该方法将显示消息提示框,例如 window. alert("你好") 提示的内容为“你好”。
- window. confirm 该方法将显示一个确认对话框,其中包括“确定”和“取消”按钮,用户单击“确定”按钮时返回 true,单击“取消”按钮时返回 false。
- window. prompt 该方法将显示一个消息对话框,其中包含一个文本输入框,用法如下:

```
window.prompt(message, default);
```

示例:

```
var num= window.prompt("请输入一个数字","0");
if(num==String(Number(num)))  window.alert("您输入的是:"+num);
```

else window.alert("请输入数字");

4. 状态栏控制

浏览器状态栏的显示信息可以通过 window.status 属性直接修改,但是,一般来说不建议对其进行修改,因为用户通常习惯于通过状态栏观察网页加载的状态,修改状态栏可能会对网站使用者造成困惑。

5. 定时操作

定时操作通常有两种使用目的,一是周期性地执行脚本,例如在页面上显示时钟,需要每隔一秒更新一次,二是将某个操作延迟一段时间执行,例如某个特别耗时的操作。定时操作的函数有 4 个:window.setInterval、window.clearInterval、window.setTimeout 和 window.clearTimeout。

- window.setInterval　该函数用于设置定时器,每隔一段时间执行指定代码,例如 window.setInterval("alert("确定")", 5000);每隔 5 秒弹出一个"确定"提示框。
- window.clearInterval　该函数用于清除 setInterval 函数设置的定时器,调用 setInterval 函数会返回一个定时器 id,而 clearInterval 函数通过这个 id 可以清除 setInterval 函数设置的定时器。例如:window.clearInterval(window.setInterval("alert("确定")"),5000);
- window.setTimeout　该函数用于设置定时器,在一段时间之后执行指定代码,例如,window.setTimeout("alert("确定")",5000);表示 5 秒之后弹出"确定"提示框。该方法与 window.setInterval()的区别就在于它只执行一次。
- window.clearTimeout　该方法用于清除 setTimeout 方法设置的定时器。用法参照 window.clearInterval()。

5.6.2 document 对象

document 对象实际上是 window 的属性,从 BOM 角度看,document 对象由一系列集合构成,这些集合可以访问文档的各个部分,并提供页面自身的信息。

1. 通用属性

- document.bgColor　该属性为页面的背景色。
- document.fgColor　该属性为页面的前景色。
- document.linkColor　该属性为页面文档中链接的颜色。
- document.vlinkColor　该属性为页面文档中访问过的链接颜色。
- document.alinkColor　该属性为页面文档中激活链接的颜色。
- document.domain　该属性为文档所在的域名。
- document.URL　该属性为当前页面的 URL。
- document.title　该属性为当前页面的标题。
- document.cookie　该属性用于设置或者读取 cookie 的值。

2. 方法

document 对象的方法都和文字的输出有关,它们是 document. open/close、document. write/writeln。write 与 writeln 的区别就在于 writeln 会在输出文字之后附加一个换行符。示例如下:

```
var win=window.open();
win.document.open();                        //打开新窗口的文档,准备写入内容
win.document.writeln("some text……");   //写入一些文字
win.document.close();                       //关闭文档,显示写入的文字
```

5.6.3 location 对象

location 对象中包含了当前窗口的 url 信息,它的对象及详细说明如下:

- location. hash 返回 href 后面的字符串。
- location. host 提供 url 的 name:port 部分。
- location. hostname 提供 url 的 hostname 部分。
- location. href 提供整个 url。
- location. pathname 提供 url 中第三个斜杠后面的文件名。
- location. port 返回 url 端口号。
- location. protocol 返回表示 url 访问方法的首字母子串。
- location. search 提供完整 url 后面的查询字符串。

5.6.4 navigator 对象

navigator 对象保存浏览器厂家、版本和功能的信息,共有 5 个属性,分别如下:

- navigator. appCodeName 提供浏览器的代码名。
- navigator. appName 提供浏览器的产品名。
- navigator. appVersion 提供浏览器的版本号。
- navigator. cookieEnabled 表示浏览器是否允许客户机端 cookie。
- navigator. userAgent 作为 http 的一部分发送的浏览器名。

5.6.5 screen 对象

screen 对象的属性保存最终用户的屏幕分辨率和屏幕绘制文档的功能的信息。这个信息在设置浏览器窗口的特征时很有用。下面列出了 screen 对象的属性。

- screen. colorDepth 返回用户系统支持的最大颜色个数信息。
- screen. height 提供用户屏幕的总高度。
- screen. pixelDepth 提供系统每个像素占用的位数。
- screen. updateInterval 保持用户机器上屏幕更新的间隔。
- screen. width 提供用户屏幕的总宽度。

5.6.6 history 对象

history 对象保存当前对话中用户访问的 url 信息。它的 length 属性提供浏览器历史清单中

的项目个数。它可以用来在浏览的历史清单中移动。下面列出了 history 对象的属性：

- history.length 表示浏览历史记录的总数。
- history.go(index) 表示从浏览历史中加载 url。index 参数是加载 url 的相对位置，index 为负数时表示当前地址之前的浏览记录，index 为正数时表示当前地址之后的浏览记录。
- history.forward 表示从浏览历史中加载下一个 url，相当于 history.go(1)。
- history.back 表示从浏览历史中加载上一个 url，相当于 history.go(-1)。

5.7 JavaScript 事件及处理

HTML 4 定义了一组事件，浏览器已经实现了这些事件。利用 JavaScript 程序可以对这些事件进行处理，创建动态页面。网页中的每个元素都可以产生某些可以触发 JavaScript 函数的事件。比方说，当用户单击某按钮时产生一个 onClick 事件来触发某个函数。事件在 HTML 页面中定义。表 5-1 列出了一些常用事件的属性及其含义。

表 5-1 常用事件的属性及含义

属性	当以下情况发生时，出现此事件
onblur	元素失去焦点
onchange	用户改变域的内容
onclick	鼠标点击某个对象
ondblclick	鼠标双击某个对象
onerror	当加载文档或图像时发生某个错误
onfocus	元素获得焦点
onkeydown	键盘的某个键被按下
onkeypress	键盘的某个键被按下或按住
onkeyup	键盘的某个键被松开
onload	某个页面或图像被完成加载
onmousedown	鼠标某个按键被按下
onmousemove	鼠标被移动
onmouseout	鼠标从某元素移开
onmouseover	鼠标被移到某元素之上
onmouseup	鼠标某个按键被松开
onreset	重置按钮被点击
onresize	窗口或框架被调整尺寸
onselect	文本被选定
onsubmit	提交按钮被点击
onunload	用户退出页面

这些属性不是所有的 HTML 元素都可以拥有的，如 onclick 事件只在<img>、<a>和<input>标

记中有效。

在对 HTML 文档进行动态修改时需要了解这些对象的位置，JavaScript 中有多种方式可以获得 HTML 文档中的元素，在本书中只介绍使用元素名称进行元素定位的方法。以如下代码为例：

```
<form name="myForm">
    First name:<input type="text" name="firstname" /><br />
    Last name:<input type="text" name="lastname" />
</form>
```

获取表单中第一个输入框的定位格式如下所示：

```
var myname=document. myForm. firstname
```

在 HTML 元素中，一组复选框或一组单选按钮经常使用同一个名称属性，在这种情况下，name 属性对应的则是与该组复选框或单选按钮相关联的隐式数组，可以通过对应的序号访问具体的选中元素。

以如下代码为例：

```
<form name=myForm>
    <input type="radio" name="sex" value="male" /> Male<br />
    <input type="radio" name="sex" value="female" /> Female
</form>
```

获得表单中 value="male"的单选按钮元素的定位格式如下：

```
var sex=document. myForm. sex[0]
```

获得 HTML 元素所对应的对象后，就可以用来访问该元素所具有的属性。

【例 5.7.1】访问元素的属性示例。

```
<html>
<head><title>一个简单的 HTML 文件示例</title></head>
<body>
<img name="img1" src="img1. gif" alt="img1" class="class1">
</body>
</html>
```

下面的 JavaScript 代码通过访问<img>元素的 src 属性获取其属性值：

```
var img src=document. img1. src;
```

下面的代码则修改 img1 图像元素的 src 为 img2. gif：

```
document. img1. src="img2. gif"
```

元素也可以通过定义 ID 属性并用 ID 来直接访问。

5.7.1 事件处理程序的引入

可以采用下面的两种方式为某个标记元素对象绑定事件响应函数：

1. 静态引入

事件处理程序的句柄名以属性名的形式在 HTML 标记实体对象中出现，而对应的属性值为事件响应的代码(事件响应的函数名),从而实现将 HTML 标记元素对象与 JavaScript 事件响应的函数名相对应,即事件绑定。在静态引入事件响应的 JavaScript 脚本程序中,可以包含多个不同的 JavaScript 语句,但它们之间要用“;”分隔。在 Dreamweaver 工具程序中可以利用动态帮助功能获得某个 HTML 标记定义的事件句柄名。示例如下:

首先在某个 HTML 标记中添加某个事件句柄的属性,如<a onmouseover="showSomeMessage()" href="#">事件响应</a>,然后再编写事件处理的程序代码,例如 showSomeMessage( )函数,并在这个函数中完成特定的事件响应功能。

2. 动态引入

将事件响应的函数名直接赋值给 HTML 页面中某个标记元素的事件属性。示例如下:

首先采用 id 属性命名某个超链接标记,如<a id="someOneLink" href="#">事件响应</a>,然后为该标记动态引入事件处理的方法代码,如:

```
<script >
    someOneLink.onmouseover=showSomeMessage;
</script>
```

最后,在事件处理方法 showSomeMessage( )中编写功能实现代码。

【例 5.7.2】本例演示了给按钮元素采用静态引入方式添加 onclick 事件,当按钮被单击时,第一个输入框中的文本会被拷贝到第二个输入框中,如图 5-2 所示。代码如下:

```
<html>
<body>
<form name=form1>
    Field1: <input type="text" name="field1" value="Hello World!"><br />
    Field2: <input type="text" name="field2"><br /><br />
    Click the button below to copy the content of Field1 to Field2. <br />
    <input type="button" value="copytext"
        onclick="document.form1.field2.value=document.form1.field1.value">
</form>
</body>
</html>
```

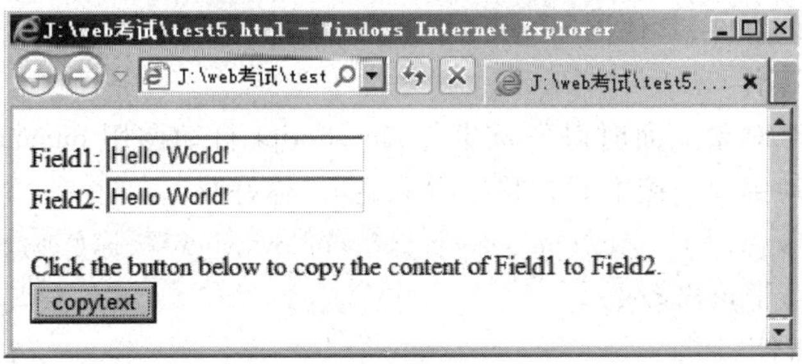

图 5-2 例 5.7.2 的运行结果

5.7.2 常用事件

1. 鼠标单击事件 onclick

当操作者的鼠标指向某个 HTML 标记元素对象并单击鼠标时将触发 onclick 事件，此时 onclick 事件所对应的事件处理程序或代码将被调用执行。onclick 事件主要出现在按钮、复选框、单选按钮、取消按钮和提交按钮等类型的标记元素对象中。下面代码用于单击图像后弹出一个对话框：

```
<img src="myimg.jpg" onclick="window.alert('图像被点击');"><br>
```

2. onmousedown 事件

当按下鼠标的某一个键时触发该事件。在这个事件发生后，JavaScript 自动调用 onmousedown 事件句柄。在 JavaScript 中，如果一个事件处理函数返回 false，就终止事件的继续处理。如果 onmousedown 事件处理函数返回 false，与鼠标操作有关的其他操作如拖放、激活超链接等都会无效。

下面的代码在按下鼠标后显示对话框，提示按下的是左键还是右键：

```
<html>
<head>
<script type="text/JavaScript">
    function whichMouseButton(event){
        if(event.button==2) alert("你点的是鼠标右键!");
        else  alert("你点的是鼠标左键!");
    }
</script>
</head>
<body onmousedown="whichMouseButton(event)">
<p>可以单击鼠标了</p>
</body>
</html>
```

3. onmouseup 事件

释放鼠标时触发该事件，其他同 onmousedown 事件。

4. onmouseover 事件

当鼠标移动到一个对象上面时触发该事件，JavaScript 自动调用 onmouseover 事件句柄。下面代码实现在鼠标移动到超链接上时在状态栏中显示“你好吗”。

```
<a href=http://www.163.com onmouseover="window.status='你好吗';
    return true">请点击</a>
```

5. onmouseout 事件

当鼠标离开一个对象时触发该事件。这个事件适用于区域、层及超链接对象。使用方法同 onmouseover 事件。

6. 文本输入框及选择域的内容变化事件 onchange

当表单文本域(如单行或者多行文本输入框)中的选择发生改变时触发该事件,当在选择域(如下拉选择框)中选择某个选项时也会触发该事件。支持该事件的标记有<input type="text">、<select>、<textarea>。

【例 5.7.3】本例中,可以在下拉框中选择身份。只要改变了选择,JavaScript 就可以截获这个改变,并执行相应操作,给出用户需要的信息。其运行结果如图 5-3 所示。

```
<html>
<head>
<script language="JavaScript">
    function gosite(oneform) {
        var index=oneform. site. selectedIndex;
        oneform. stposition. value=oneform. site. options[index]. value;
    }
</script>
</head>
<body>
<form name="myform">
    <p>请选择职业</p>
    <select name="site" onchange="gosite(document. myform)">
        <option value="一楼一区">学生
        <option value="一楼二区">教师
        <option value="二楼一区">工人
        <option value="二楼三区">农民
    </select>
    领取物资地点在<input type="text" name="stposition" value="一楼一区">
</form>
</body>
</html>
```

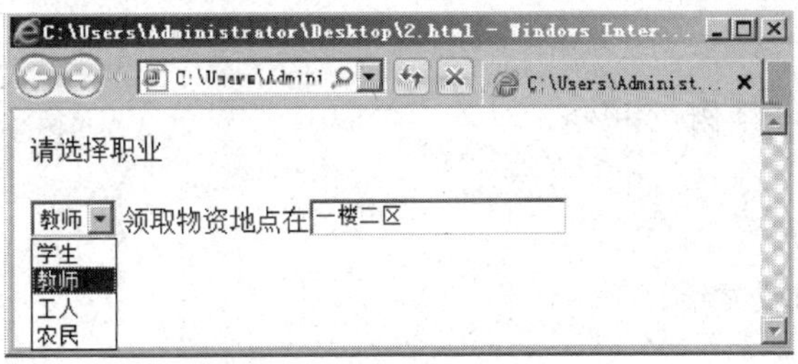

图 5-3 例 5.7.3 的运行结果

7. 选中事件 onselect

当操作者在单行或者多行文本输入框中对其中的字符进行选择时触发该事件,支持该事件的 HTML 标记有<input, type="text">、<textarea>。

【例 5.7.4】下面的例子演示了当用户试图选择单行/多行文本框中的内容时,会弹出一个信息提示框。

```
<html>
<body>
<form>
单行文本:<input type="text" value="Hello world!" onselect="alert('文本已被选中! ')" />
<br /><br />
多行文本:<textarea cols="25" rows="5" onselect="alert('文本已被选中! ')">
Hello world! </textarea>
</form>
</body>
</html>
```

8. 获得焦点事件 onfocus

页面元素获得焦点时会触发 onfocus 事件,如当用户单击选中了单行或者多行文本输入框、下拉选择框中的选择项目时,将触发 onfocus 事件。

下面的例子演示了当文本输入域获得输入焦点时,自动清除文本框内的内容,使得用户可以重新输入:

```
<html>
<body>
电话号码:<input type="text" value="请输入号码" onfocus="this.value='' " />
</body>
</html>
```

9. 失去焦点事件 onblur

与 onfocus 事件相反,当页面元素失去焦点时会触发 onblur 事件,如在文本框中输入结束并单击文本框以外的部分时触发该事件。

10. 页面文档的载入事件 onload 和卸载事件 onunload

当浏览器加载完某个页面文档中的各个标记内容(包括各个图像文件)时将触发该事件。

onload 事件举例如下:

```
<html>
<head><title>onload 举例</title>
<script>
    function test(){
        alert("加载完毕!");
    }
</script>
</head>
<body onload="test()"></body>
</html>
```

当 Web 页面退出(例如操作者关闭浏览器或者在浏览器窗口中加载另一个页面文档时)触发 onunload 事件。载入事件 onload 和卸载事件 onunload 都只适用于<body>和<frameset>标记。

11. 图像事件(image events)

图像事件只能应用于<img>标记元素中,并且只提供了一个 onabort 事件,当某个图像文件加载中断时触发该事件。

12. 键盘事件(keyboard events)

键盘事件主要有 onkeydown(当键盘中的某个按键被按下时触发)、onkeypress(当键盘中的某个按键被按下后又松开时触发)、onkeyup(当键盘中的某个按键被松开时触发)。

例如,显示按下的键盘的 Unicode 码,代码如下:

```
<html>
<head>
<script type="text/JavaScript">
    function whichKeyboardButton(event){
        alert(event.keyCode);
    }
</script>
</head>
<body onkeyup="whichKeyboardButton(event)">
<p>可以按一个按键了</p>
</body>
</html>
```

5.7.3 JavaScript 表单处理

表单处理是建立动态网页中最重要的部分。form 对象提供一个让用户输入文字或选择的功能,例如单选按钮、复选框、选择列表等,由<form>标记构成。JavaScript 程序为每一个表单建立一个表单对象,并可以将用户提供的信息送至服务器进行处理,也可以在 JavaScript 脚本中编写程序对数据进行处理。

首先介绍表单提交事件 onsubmit。

当用户单击表单中的提交按钮来提交表单中的各个请求时,就会触发表单的 onsubmit 事件,将表单中的数据打包发送给目标程序进行处理。onsubmit 举例如下:

```
<html>
<head>
<title>无标题文档</title>
<script type="text/JavaScript" >
    function test(){
        var username=document.form1.username.value;
        var password=document.form1.password.value;
        alert("用户名:"+username+"密码:"+password);
```

```
}
</script>
</head>
<body>
<form name="form1" onsubmit="test()">
    username:<input type="text"  name="username" /><br>
    password:<input type="password"  name="password"/><br>
        <input type="submit"  value="提交" />
</form>
</body>
</html>
```

该段代码在用户点击提交按钮后弹出对话框，显示用户输入的用户名和密码。

要注意的是，该事件在实际提交表单中的各个请求参数之前发生。因此，在该事件的事件响应方法代码中可以通过返回 false 来阻止该表单的提交行为。

表单中的基本元素有按钮、单选按钮、复选框、提交按钮、重置按钮及文本框等。在 JavaScript 中要访问这些基本元素，可以通过对应的表单元素名来实现，并访问这些元素的属性或方法。

1. text 单行单列输入元素和 textarea 多行多列输入框

其属性有：

- name 设定提交信息时的信息名称，对应 HTML 文档中的 name。
- value 用以设定出现在窗口中对应 HTML 文档中 value 的信息。
- defaultvalue 设定默认值。

对应的主要事件有：onfocus、onblur、onselect 和 onchange。

下面的程序中，浏览者必须在文本框中输入内容：

```
<html>
<head>
<script>
    function checkF(field){
        if(field.value=="" ){
            window.alert("必须输入姓名");
            field.focus();   }
    }
</script>
</head>
<body>
<form name="myform">
请输入姓名:<input type="text"  name="myfield"  onblur="checkF(this) "><br>
</form>
```

```
</body>
</html>
```

2. select 选择元素

其属性有：

- name　设定提交信息时的信息名称，对应 HTML 文档中的 name。
- value　用以设定出现在窗口中对应 HTML 文档中 value 的信息。
- length　对应该 select 中的选项数目。
- options　组成多个选项的数组。
- selectIndex　指明一个选项。
- text　选项对应的文字。
- selected　指明该项是否被选中。
- index　指明当前选项的位置。
- defaultselected　默认被选中的选项。

对应的主要事件有：onblur、onfocus 和 onchange。

下面的代码把列表框中选定的选项的信息在信息框中显示：

```
<html>
<body>
<form name="myform">
      <select name="myselect">
            <option value="选择一">第一</option>
            <option value="选择二">第二</option>
            <option value="选择三">第三</option>
      </select>
</form>
<a href="#" onClick="alert(document.myform.myselect.options.value)">请选择列表</a>
</body>
</html>
```

3. checkbox 复选框

其属性有：

- name　设定提交信息时的信息名称，对应 HTML 文档中的 name。
- value　用以设定出现在窗口中对应 HTML 文档中 value 的信息。
- checked　指明该框的选择状态，为 true 或 false。

对应的主要事件有：onclick。

下面的例子中，单击链接，将显示是否选中复选框的提示：

```
<html>
<head></head>
<body>
<form name="myForm">
```

```
        <input type="checkbox" name="myCheck" value="My Check Box"> check Me</form>
        <a href="#" onClick="window.alert(document.myForm.myCheck.checked? 'yes':'No');">
            Am I Checked? </a>
</body>
</html>
```

4. radio 单选按钮

其属性有：

- name 设定提交信息时的信息名称，对应 HTML 文档中的 name。
- value 用以设定出现在窗口中对应 HTML 文档中 value 的信息。
- length 对应该组单选按钮选项的数目。
- checked 指明该框的选择状态，为 true 或 false。

对应的主要事件有：onclick。

下面的例子中，点击提交按钮后，将显示被选择的对应选项的 value，如图 5-4 所示。

```
<script language="Javascript">
    function sub(){
        var rb;
        var j=document.myform.agegroup.length;
        var i;
        for(i=0; i<j; i++){
            rb=document.myform.agegroup[i];
            if(rb.checked){
                alert("你选择了"+rb.value);
                break;
            }
        }
    }
</script>
</head>
<body>
<form name="myform" onsubmit="sub()">
    <fieldset>
    <legend>分组框</legend>
    <input name="agegroup" type="radio" value="A">21 岁以下<br>
    <input name="agegroup" type="radio" value="B">21 岁到 35 岁<br>
    <input name="agegroup" type="radio" value="C">36 岁到 45 岁<br>
    <input name="agegroup" type="radio" value="D">46 岁到 65 岁<br>
    <input name="agegroup" type="radio" value="E">65 岁以上<br>
    <input type="submit" value="提交">
```

```
        </fieldset></p>
    </form>
    </body>
    </html>
```

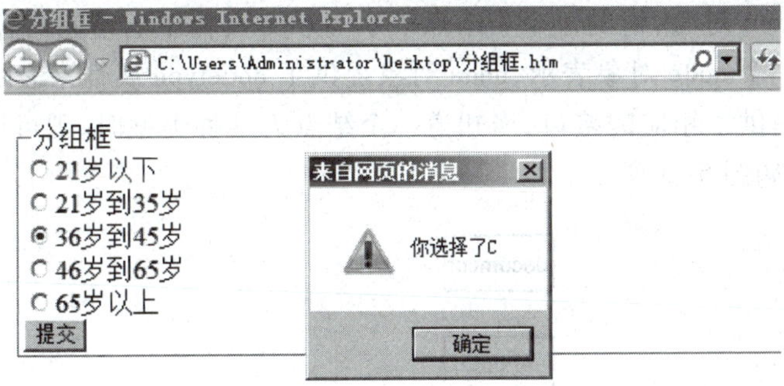

图 5-4　单选按钮示例运行结果

5.8　文档对象模型 DOM 的基本概念和作用

DOM(Document Object Model)即“文档对象模型”。HTML DOM 定义了访问和操作 HTML 文档的标准方法,DOM 将网页内的元素与内容呈现为一个清晰、易读的树状模型,使得通过 JavaScript 能够访问和修改 HTML 页面。

5.8.1　DOM 的基本概念

D(文档):当创建了一个网页并将其加载到 Web 浏览器中时,DOM 便根据这个网页创建出了一个文档对象。

O(对象):所谓对象,即一种独立的数据集合。例如文档对象,即是文档中元素与内容的数据集合。与某个特定对象相关联的变量,称为这个对象的属性。可以通过某个特定对象去调用的函数被称为这个对象的方法。

M(模型):自然是文档对象的树状模型。在这个树状模型中,网页中的元素与内容表现为一个个相互连接的结点(node)。

DOM 中的结点类型包括元素结点、文本结点及属性结点。

1. 元素结点

在 HTML 中,<body>、<div>、<a>等一系列标记,即是这个文档的元素结点。元素结点组成了文档模型的语义逻辑结构。

2. 文本结点

包含在元素结点中的内容部分,如<p>标记中的文本等。一般情况下,不为空的文本结点都是可见并呈现于浏览器中的。

3. 属性结点

元素结点的属性,如<a>标记的 href 属性与 title 属性等。属性结点总是被包含于元素结点当中。

5.8.2 DOM的体系结构

在 DOM 中,HTML 文档的层次结构被表示为一个树形结构。树的根结点是一个表示当前 HTML 文档的 document 对象,树的每个子结点表示 HTML 文档中的不同内容。

每个结点都由一个 node 对象表示,node 对象提供了 nodetype 属性来表示结点的类型。DOM 为不同类型的结点提供了相应的接口,当知道一个结点为某种类型时,则可以使用相应的接口所定义的属性和方法,如图 5-5 所示。

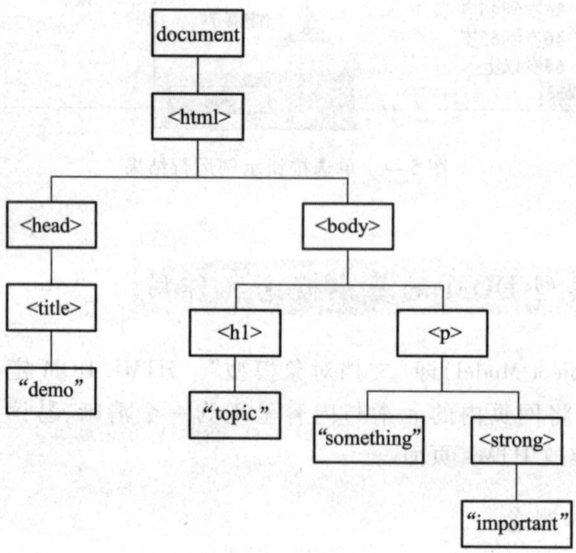

图 5-5 DOM 的体系结构

结点与结点之间通常有 3 种关系:父子关系、兄弟关系和祖孙关系。在图 5-5 中,结点<html>是结点<head>和结点<body>的父结点,<head>结点和<body>结点是<html>结点的子结点,而<head>和<body>互为兄弟关系。同样,<body>结点是<h1>结点和<p>结点的父结点,<h1>和<p>是<body>结点的子结点,<h1>和<p>互为兄弟结点。一个结点的父结点以上级别的结点,称为这个结点的祖先结点,这个结点称为祖先结点的子孙结点。例如<html>结点是<p>结点的祖先结点,<p>结点是<html>结点的子孙结点。DOM 为 node 对象提供了一组属性来表达这些关系,使得程序可以非常方便地获得对结点的引用。

小结

客户机端的 JavaScript 脚本是通过标记<script>的内容嵌入到 HTML 文件中的。通过<script>标记的 src 属性设定脚本文件名,将脚本包含到 HTML 中。BOM 由多个对象组成,其中代表浏览器窗口的 window 对象是 BOM 的顶层对象,其他对象都是该对象的子对象。BOM 提供了一组以 window 为核心的对象,实现了对浏览器窗口的访问控制。在 JavaScript 中使用 Form 对象,可以实现动态的 Web 页面信息交互，但由于其源代码是公开的，使用 JavaScript 编程不适合于直接进行口令检测等安全性较高的内容。DOM 即"文档对象模型"，是基于语义的逻辑结构，DOM 将网页内的元素与内容呈现为一个清晰、易读的树状模型，使得 JavaScript 能够访问和修改 HTML 页面。

习题

选择题

1. 在以下选项中，不合法的标识符是

A. a * b　　B. small　　C. score　　D. average_grade

2. 在 HTML 页面中能够插入 JavaScript 中的是

A. <body>部分　　B. <head>部分

C. <body>部分和<head>部分均可　　D. <title>部分

3. 下列函数中能够把 6. 25 四舍五入为最接近的整数的是

A. round(6. 25)　　B. rnd(6. 25)　　C. Math. rnd(6. 25)　　D. Math. round(6. 25)

4. 下列语句中，正确地执行当 i 等于 5 时执行一些语句的条件语句是

A. if (i==5)　　B. if i=5 then　　C. if i=5　　D. if i==5 then

5. 以下正确的 for 循环语句是

A. for (i <= 5; i++)　　B. for (i = 0; i <= 5; i++)

C. for (i = 0; i <= 5)　　D. for i = 1 to 5

6. for(i=1;i<=10;i=i+3) for(j=2;j<6;j++){……}的循环次数是

A. 16　　B. 18　　C. 14　　D. 12

7. 在 JavaScript 语言中，要定义局部变量则可以

A. 由关键字 private 在函数内定义　　B. 由关键字 private 在函数外定义

C. 由 var 在函数内定义　　D. 由关键字 var 在函数外定义

8. 在以下选项中，能正确调用对象属性的语句是

A. 对象名(属性名)　　B. 对象名->属性名

C. 对象名属性名　　D. 对象名. 属性名

9. 在 JavaScript 语言中，创建一个数组对象实例时使用关键字

A. array　　B. Array　　C. dimension　　D. Dimension

10. 在以下选项中，能正确声明数组并进行初始化的语句是

A. str =new Dimension('1', '2', '3');　　B. str=new dimension('1', '2', '3');

C. str =new Array('1', '2', '3');　　D. str =new array('1', '2', '3');

11. 关于浏览器对象之间的从属关系，正确的说法是

A. window 对象从属于 document 对象　　B. document 对象从属于 window 对象

C. window 对象和 document 互不从属　　D. 以上选项均错

12. 在 JavaScript 语言中，拥有 onsubmit 事件的对象是

A. document　　B. event　　C. window　　D. form

13. 在 JavaScript 中，表示释放鼠标上的任何一个键时发生的事件是

A. mouseUp 事件　　B. mouseDown 事件

C. mouseMove 事件　　D. mouseOver 事件

14. 下列语句中,正确打开名为“window2”的新窗口的 JavaScript 语句是

A. open. new("http://www. sina. com. cn","window2")

B. new. window("http://www. sina. com. cn","window2")

C. new("http://www. sina. com. cn","window2")

D. window. open("http://www. sina. com. cn","window2")

15. 下列不属于 DOM 元素结点类型的是

A. 元素结点　　B. 文本结点　　C. 属性结点　　D. 样式结点

第六章　动态网页技术概述

导入语

本章主要介绍几种常见的动态网页技术。动态网页技术是在静态网页技术之后出现的Web编程技术,能比静态网页提供更丰富的基于数据支持的功能和更好的用户操作体验。本章第1节区分静态网页和动态网页,并比较两者的应用场景。第2节介绍Java Servlet和JSP编程技术。第3节介绍微软公司的ASP. NET编程技术。第4节介绍PHP基本概念和原理。第5节介绍目前比较流行的Ajax动态编程技术,Ajax的本质是一种综合利用原有多种Web技术进行Web交互的方法,这种方法在客户机端和服务器之间传输信息量少,从而给用户提供及时的交互体验。最后是本章小结。

考核目标

✓ 掌握静态网页和动态网页技术的基本概念和区别
✓ 了解Java Servlet和JSP的基本概念和基本原理
✓ 了解ASP. NET的基本概念和基本原理
✓ 了解PHP的基本概念和基本原理
✓ 了解Ajax技术的基本概念和原理

6.1　静态网页与动态网页

在早期的网页设计中主要都是静态网页。随着信息的爆炸式增加和人们对信息实时性要求的提高,人们不再满足于信息的简单获取,更关注于信息的实时性和个性化。

在这样的背景下,动态网页技术开始出现并得到了快速的发展。

6.1.1　静态网页

在网站设计中,纯粹HTML格式的网页通常被称为“静态网页”,早期的网站一般都是由静态网页制作的。静态页面通常用来存放那些内容固定不变的文档,这些文档的内容是作者用HTML文档描述语言创建的,一般会以.htm或者.html扩展名存储在服务器的文件系统中。静态网页是相对于动态网页而言的,是指没有后台数据库、不含程序和不可交互的网页。设计者编的是什么它显示的就是什么,不会有任何改变。相对而言静态网页更新起来比较麻烦,适用于一般更新较少的展示型网站。

静态网页的网址形式通常以.htm结尾,还有就是以.htm、.html、.shtml、.xml等为后缀的。在HTML格式的网页上,也可以出现各种动态的效果,如.GIF格式的动画、Flash、滚动字幕等,这些“动态效果”只是视觉上的,不是区分静态网页和动态网页的要素。

静态网页的特点主要有:

(1) 静态网页的每个网页都有一个固定的URL,且网页URL以.htm、.html、.shtml等常见形式为后缀;

(2) 网页内容一经发布到网站服务器上,无论是否有用户访问,每个静态网页的内容都是保存在网站服务器上的,也就是说,静态网页是实实在在保存在服务器上的文件,每个网页都是一个独立的文件;

(3) 网页内容不会发生变化,任何用户访问结果都一样,无法提供个性化信息发布;

(4) 静态网页一般没有数据库的支持,无法支持动态数据记录的访问和显示,不适应信息即时发布,如天气预报和股票信息等;

(5) 静态网页不能和浏览器用户交互,只能单向发布信息,不适应动态和即时信息发布,在功能方面有较大的限制;

(6) 维护工作量较大。

6.1.2 动态网页

动态网页技术是为了解决静态网页的上述问题而提出的。

动态网页的内容不是预先定制的静态HTML文档,而是在请求或使用过程中根据实际的数据内容和条件实时生成的页面。

动态网页的内容可随用户的输入和互动而有所不同,或者随着用户、时间、数据修正等而改变。

使用动态页面,用户可以提交信息给服务器,服务器可以将数据库中的数据返回给用户,例如股市行情、天气预报等动态检索结果。

动态网页与网页上的各种动画、滚动字幕等视觉上的"动态效果"没有直接关系。动态网页可以是纯文字内容的,也可以是包含各种动画的内容,这些只是网页具体内容的表现形式,无论网页是否具有动态效果,采用动态网页技术生成的网页都称为动态网页。

目前,主要的动态网页技术包括:

1. 客户机端动态网页

可以采用客户机端脚本语言程序(Client-Side Scripting)在客户机端浏览器中动态地生成整个页面。但由于编码烦琐复杂,除特殊需要外,很少这么做。通常,仅使用客户机端脚本程序实现一些轻量级或局部性的数据与外观处理,如数据检查、交互控制、动画演示等辅助性工作。

客户机端脚本主要采用:

- JavaScript。
- VBScript。
- ActionScript。
- 应用小程序/插件。
- Java Applet、ActiveX 控件、Flash 插件。

2. 服务器端动态网页

由服务器端实时生成HTML文档并返回给浏览器。通常会通过专门的生成程序或者服务器端脚本语言生成动态页面,数据内容通常从后台数据库中取得,"拼装"成最终的HTML页面并返回给浏览器。

早期的做法是，Web 服务程序先从数据库中查询出数据，然后按照 HTML 格式由程序显式地逐行拼装出 HTML 文档，最后回传到浏览器中，如 CGI、Perl 和 Java Servlet 等。由于缺少直观性，这种方式非常烦琐，修改很不方便，效率低下。

随后出现了改进技术，如 Sun 公司的 JSP、微软的 ASP、通用脚本语言 PHP 等。允许在 HTML 页面中嵌入一些服务器端脚本语言程序，以完成查询、计算和生成动态数据以及动态构筑页面内容。当浏览器请求这些页面时，服务器将处理和执行页面中嵌入的脚本程序，查询数据，构建并返回 HTML 页面。

JSP 网页和 ASP 网页虽然有很大改进，但是这种在 HTML 页面中嵌入脚本程序的方式使网页看起来比较混乱，不易维护，开发效率不够高。为此，微软在 ASP 的基础上进一步开发了被称为“ASP. NET”的 Web 应用开发技术，可将页面展示语义与数据内容的处理逻辑彻底分开，提供了面向对象和基于事件驱动的编程方式以完成网页页面的开发，其技术更先进，使用更方便，所开发的网页以. aspx 作为其扩展名。

3. 客户机/服务器端混合式动态网页技术 AJAX

无论是客户机端动态网页还是服务器端动态网页，一个共同特点是，一旦网页需要从服务器上请求哪怕是一点点数据，也一定要向服务器请求和重新装入整个页面，因此，访问效率不高，增加了网络负担。

为了解决网页局部更新的问题，出现了 AJAX（Asynchronous JavaScript and XML）技术。AJAX 是一个基于 JavaScript 并整合了 XHTML、XML、DOM 等技术实现的一个客户机端/服务器端混合式动态页面编程框架，它解决了网页的局部更新问题，大大降低了 Web 服务器的负担和网络通信开销，加快了服务器的响应速度。

动态网页的一般特点为：

（1）动态网页以数据库技术为基础，可以大大减少降低网站维护的工作量；

（2）采用动态网页技术的网站可以实现更多的动态访问功能，如用户注册、用户登录、在线调查、用户管理、订单管理等；

（3）动态网页只有当用户请求时服务器才从数据库中读取数据并动态产生一个完整的网页，并不占用独立的服务器空间。

6.1.3 应用场景

从网页开发角度看，静态网页使用 HTML 语言，而动态网页使用的语言则包括 HTML+ASP 或 HTML+PHP 或 HTML+JSP 等。

程序是否在服务器端运行是判断网页是静态还是动态的重要标志。在服务器端运行的程序、网页、组件，属于动态网页，它们会随不同客户、不同时间，返回不同的网页，例如 ASP、PHP、JSP、ASP. NET、CGI 等。运行于客户机端的程序、网页、插件、组件，属于静态网页，例如 HTML 页、Flash、JavaScript、VBScript 等，它们是永远不变的。

静态网页和动态网页各有特点，网站采用动态网页还是静态网页主要取决于网站的功能需求和网站内容的多少，如果网站功能比较简单，内容更新量不是很大，采用纯静态网页的方式会更简单，反之一般要采用动态网页技术来实现。

静态网页相对更新起来比较麻烦,一般适用于更新较少的展示型网站。

静态网页是网站建设的基础。静态网页和动态网页同时并存。为了适应搜索引擎检索的需要,网站即使采用动态网站技术,也可以将网页内容转化为静态网页发布。动态网站也可以采用静动结合的原则,适合采用动态网页的地方用动态网页,如果有必要使用静态网页,则可以考虑用静态网页的方法来实现。在同一个网站上,动态网页内容和静态网页内容同时存在也是很常见的事情。

同时,一定要避免动态网页比静态网页更高级的片面认识。静态网页相对动态网页来说,也有它独特的优势:

• 使用静态网页,可以有效提高网站访问速度。其原因是程序无须在服务器端解释运行,直接响应客户机的请求。

• 使用静态网页,可以有效增强网站的安全性。静态网页无须与数据库进行连接通信,也不进行程序交互,这样从无形中增强了网站的安全性。

• 有利于搜索引擎收录。静态页面对于搜索引擎来说,更加友好。

• 生成静态网页,可以提高网站的稳定性。即使数据库无法访问,网站程序崩溃,也不影响网站的正常访问。

• 有效的存档方式。使用静态网页,即使是使用动态技术生成的网页,可以在删除数据库数据的同时,保留静态网页在服务器上,这样不会造成网站数据库因数据库量过大而变得迟钝,同时让网页在服务器上存档。

6.2 Java Servlet 和 JSP 基本概念和原理

Servlet 技术是在 JSP 技术产生之前的一种在 Web 服务器端运行的 Java 技术。Servlet 实质上是遵循一定规范的、运行于 Web 服务器端、供服务器调用和执行的 Java 类,人们称 Servlet 为服务器小程序。它遵循 HTTP 的请求/响应交互模型,从客户机接收请求进行处理,并向客户机返回响应。Servlet 技术是 Java 动态 Web 技术的基础。

JSP(Java Server Page)是由 Sun 公司提出,多家公司参与联合创建的动态网页技术标准。JSP 也是一种创建动态网页的技术,它基于 Java 和 Java Servlet 技术,很好地实现了普通静态 HTML 和动态 HTML 的混合编码,极大简化了动态页面的编程。JSP 页面在执行前会被翻译成 Servlet。

Servlet 和 JSP 都基于 Java 语言,因此它也具有 Java 语言的跨平台等优势。目前 Servlet 和 JSP 是 Web 编程中最热门的技术之一,在许多领域都有广泛的应用。

6.2.1 Servlet 工作原理

Servlet 技术的主要功能是可以交互式地处理数据,并生成动态的 Web 内容。它遵循 HTTP 的请求/响应交互模型,它的执行过程如图 6-1 所示。

首先,客户机浏览器与服务器建立连接,向服务器发送 HTTP 请求,服务器的 Servlet 引擎把 HTTP 请求封装成请求(request)对象,发送到 Servlet 程序进行处理。Servlet 程序执行完成之后,得到响应(response)对象,返回到 Servlet 引擎,引擎经过处理转换成 HTTP 响应,返回给客户机浏

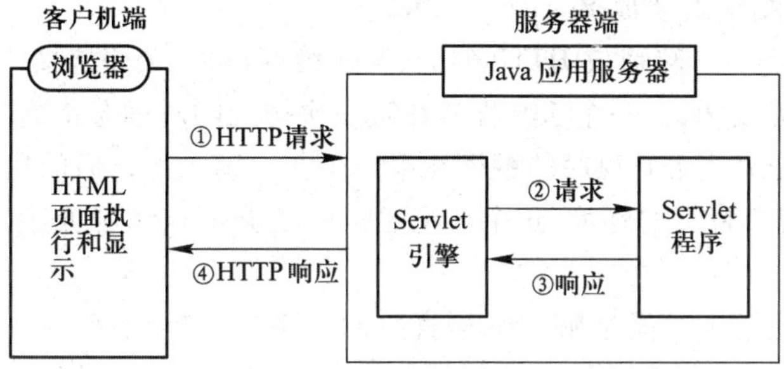

图 6-1 Servlet 的执行过程

览器处理和显示。

因此,更具体地说,Servlet 技术的功能就是可以处理 HTTP 请求,并把处理得到的 HTTP 响应传递回客户机。它可以处理包括 HTML 表单产生的通过 GET 或者 POST 方法提交的数据,并且能够并发处理多个请求。另外,Servlet 还可以将请求转发给其他 Servlet 或者其他服务器,这项能力可以用于服务器之间的负载均衡,实现组件服务等。

6.2.2 JSP 工作原理

JSP 的工作原理类似 CGI 程序,它替代了常规 Web 服务器后端的页面加载模块,由 JSP 引擎执行从 JSP 程序转换编译而成的 Java Servlet 程序来产生动态 HTML 页面。

图 6-2 表示了 JSP 程序的执行过程。

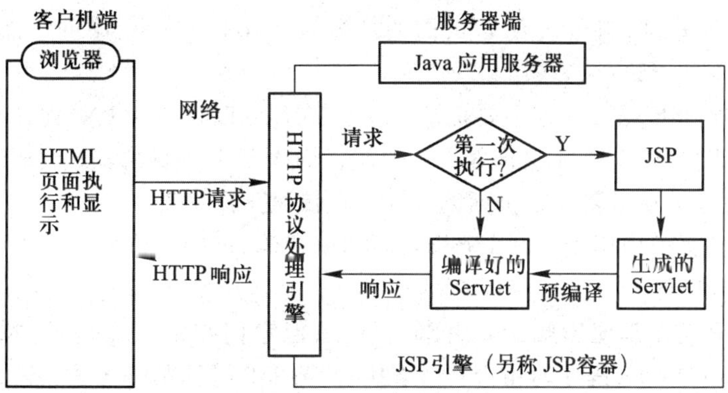

图 6-2 JSP 程序的执行过程

由图 6-2 可以看到,JSP 的执行过程包括如下几个步骤:

(1) 浏览器客户机与服务器建立连接后,向服务器发送 HTTP 请求;

(2) 服务器对 HTTP 请求进行处理,封装成 JSP 引擎能识别的 Request 对象,准备执行 JSP 程序;

(3) 引擎判断指定的 JSP 是否是修改后的第一次运行,如果是,JSP 引擎先把 JSP 程序翻译成纯 Java 的 Servlet 程序,调用 Java 编译器对其进行预编译,产生编译好的 Servlet 程序(.class 文件)等待执行;如果 JSP 不是第一次执行,或者是刚完成了 Servlet 的编译,JSP 引擎会开始执行该

Servlet 程序,把产生的结果封装成 Response 对象;

(4) 服务器把 Response 转换成 HTTP 响应,发送给客户机,关闭连接。

从上述执行过程可以知道,一个 JSP 程序在第一次访问的时候等待响应的时间会比较长,这是由于 JSP 引擎需要先完成 JSP 程序的翻译和编译工作。第二次以后的执行速度就会快很多。

JSP 程序的运行需要特定的环境,这个环境通常就是 Java 应用服务器(Java Application Server)。

Java 应用服务器通常本身就是用 Java 语言写的一个服务器程序,它一般包含 Web 服务器、Servlet 引擎和 JSP 引擎(通常还会包含其他功能模块)。Web 服务器负责处理 HTTP 请求和响应,Servlet 引擎负责调用执行 Servlet 程序,JSP 引擎负责 JSP 程序的翻译和编译等工作,它们一起协同工作,才能完成 JSP 程序的执行工作。

常见的 Java 应用服务器有 BEA Weblogic Server、IBM WebSphere Server、Apache Tomcat Server、JBoss Server、Caucho Resin Server、GlassFish 等。

6.2.3 JSP 基本组成

完整的 JSP 网页构成元素有 3 类:

- HTML 标记;
- JSP 标记,包括 JSP 指令标记和 JSP 动作标记;
- Java 脚本程序。

HTML 标记语言是生成页面的基本语言。浏览器看到的都是 HTML 标记语言,通过对 HTML 的解析,才能产生用户可见的页面。

JSP 以 HTML 为基础,将处理动态页面的部分嵌入 HTML 标记中间。嵌入的部分以标记“<%”开始,以“%>”结束。

JSP 指令为整个 JSP 页面设定必要信息。这些指令可以设置 JSP 页面使用的语法、编码方式、需要引入的包等。JSP 指令不会向客户机产生任何页面上可见的输出,所有指令都是在整个 JSP 范围内有效,为 JSP 引擎对 JSP 页面的翻译工作提供全局信息。

JSP 动作是 JSP 页面中用于控制 JSP 引擎行为的代码,这些动作会被 JSP 引擎翻译成相应的 Java 代码,在运行时执行。

JSP 指令和 JSP 动作都能影响 JSP 引擎的行为,但它们在本质上是不同的。JSP 指令是在 JSP 页面翻译成 Java Servlet 程序时由 JSP 引擎执行,与 JSP 被调用时无关。而 JSP 动作标识则会被翻译成 Java 代码,每次被调用时都会被执行。

Java 脚本程序是嵌入 JSP 页面的可执行的 Java 程序,它们与 JSP 的其他内容一起被编译成为 Servlet,在运行过程中被执行并输出结果作为 HTML 的一部分返回给客户机。

另外,注释在任何程序中都应该存在,它们是为了对程序进行必要的说明,便于程序代码的阅读和理解,便于程序的维护。JSP 中的注释有两种:HTML 注释和隐藏注释。

以下是一个 JSP 的典型例子。

<%@ pagecontentType="text/html;charset=utf-8" %>	JSP 指令
<html>	
<head>	
<title>Hello world demo</title>	HTML 标记
</head>	
<body>	
<jsp:include page="other.jsp" flush="true" />	JSP 动作
<! --以下是 Java 脚本程序 -->	HTML 注释
<%	
//这是隐藏注释	Java 脚本程序
String s = "Hello, world!";	(其中包含隐藏注释)
out.println(s);	
%>	
<%--这也是隐藏注释--%>	隐藏注释
 	HTML 标记
<%=s%>	Java 脚本程序—表达式
</body>	HTML 标记
</html>	

6.2.4 Servlet 与 JSP 的关系和区别

Servlet 和 JSP 都是运行在服务器端的程序。JSP 技术是在 Servlet 技术的基础上发展起来的,它们之间有很多联系,也有很大的区别。

Servlet 和 JSP 的编程方式不同。Servlet 遵循的是 Java 语言的编程标准,而 JSP 更多的是遵循脚本语言的编程标准(虽然 JSP 中有嵌入的 Java 代码)。Servlet 编写的程序结构件更好,更加专业,而 JSP 是为了简化 Servlet 编程而发展起来的技术,JSP 程序在编写方面比 Servlet 要容易。

JSP 编程由于采用的是脚本语言编程标准,因此并不需要显式地进行编译,而是由 JSP 引擎在第一次运行时翻译成 Servlet 后编译执行。Servlet 则是需要在程序开发完成后进行编译才能部署安装。

在运行效率上,第一次运行时 JSP 由于需要翻译和编译,运行速度比 Servlet 慢。以后的运行速度和 Servlet 是一样的。

在实际的运用中,通常会采用 Servlet 和 JSP 混合使用的模式,例如通常所说的 MVC(Model-View-Controller,模型-视图-控制器)模式,由 JSP 充当 View 角色,负责在预定义的页面模板中显示动态内容；由 Servlet 充当 Controller 角色，负责对客户机的请求进行处理、响应和调用 JavaBean；由 JavaBean 充当 Model 角色，负责提供可复用组件和数据的存储访问等。这样，各部分职责明确，结构清晰，充分发挥各个技术的优势和特长，有利于提高软件的可维护性。

6.2.5 Servlet 编程简单示例

Servlet 编程是纯 Java 编程，以下是一个简单的 HelloWorld 的 Servlet 示例。

这个 Servlet 在用户通过浏览器访问时，在页面上简单显示"Hello, World!"。这个简单的示例程序忽略请求中输入的参数。以下是该 Servlet 的代码 HelloWorldServlet. java 文件的内容。

```
package test;


import java. io. * ;
import javax. Servlet. * ;
import javax. Servlet. http. * ;
public class HelloWorldServlet extends HttpServlet {
    public void doGet( HttpServletRequest request, HttpServletResponse response)
            throws ServletException, IOException
    {
        PrintWriter out = response. getWriter( ) ;
        out. println( "<html>" ) ;
        out. println( "<body>" ) ;
        out. println( "Hello,World!" ) ;
        out. println( "</body>" ) ;
        out. println( "</html>" ) ;
    }
}
```

在本程序中，需要向 response 输出 HTML 代码，使用 response. getWriter( ) 获取了 PrintWriter 对象，通过 PrintWriter 可以向客户机输出字符串。如果需要输出二进制流，则可以使用 response. getOutputStream( ) 获取输出流对象进行输出。另外，程序还会抛出 IOException 异常，所以增加了 import java. io. * 。获得了 PrintWriter 对象后，就可以使用它直接输出 HTML 代码。

编写完 Servlet 程序后，首先需要进行编译，产生. class 文件，然后将. class 文件部署到 Java 应用服务器 Web 根目录下的 WEB-INF/classes 目录下，并在 WEB-INT/web. xml 中增加如下配置：

```
<Servlet>
   <Servlet-name>HelloWorldServlet</Servlet-name>
   <Servlet-class>test. HelloWorldServlet</Servlet-class>
</Servlet>
<Servlet-mapping>
   <Servlet-name>HelloWorldServlet</Servlet-name>
```

```
    <url-pattern>/helloWorld</url-pattern>
  </Servlet-mapping>
```

假定应用服务器运行于本机 localhost,使用浏览器访问地址 http://localhost/helloworld,将得到响应页面:

```
<html>
<body>Hello,World! </body>
</html>
```

6.2.6 JSP 编程简单示例

以下是一个显示“Hello, World!”的 JSP 程序例子。

```
<html>
<head><title>Hello World demo</title></head>
<body>
  <%
    String s = "Hello, World!";
    out.println(s);
  %>
  <br />
  <% =s%>
</body>
</html>
```

把上述程序部署到 Java 应用服务器(支持 JSP 运行的服务器)上,使用浏览器访问,就能在页面上看到显示了两行“Hello, World!”。

6.3 ASP.NET 基本概念和原理

6.3.1 ASP.NET 简介

ASP.NET 是一个统一的 Web 开发模型,它包括开发者使用尽可能少的代码生成企业级 Web 应用程序所必需的各种服务。ASP.NET 作为.NET Framework 的一部分提供。当开发者编写 ASP.NET 应用程序的代码时,可以访问.NET Framework 中的类。开发者可以使用与公共语言运行库(CLR)兼容的任何语言来编写应用程序的代码,这些语言包括 Microsoft Visual Basic、C#、JScript.NET 和 J#。使用这些语言,可以开发利用公共语言运行库、类型安全、继承等方面的优点的 ASP.NET 应用程序。

ASP.NET 的组成主要包括:

- 页框架和控件框架
- ASP.NET 编译器
- 安全基础结构

- 状态管理功能
- 应用程序配置
- 运行状况监视和性能功能
- 调试支持
- XML Web Services 框架
- 可扩展的宿主环境和应用程序生命周期管理
- 可扩展的设计器环境

ASP. NET 在整个开发架构中的位置如图 6-3 所示。

ASP. NET 页框架和控件框架是一种编程框架,它在 Web 服务器上运行,可以动态地生成和呈现 ASP. NET 网页。可以从任何浏览器或客户机设备请求 ASP. NET 网页,ASP. NET 会向请求浏览器呈现标记(例如 HTML)。

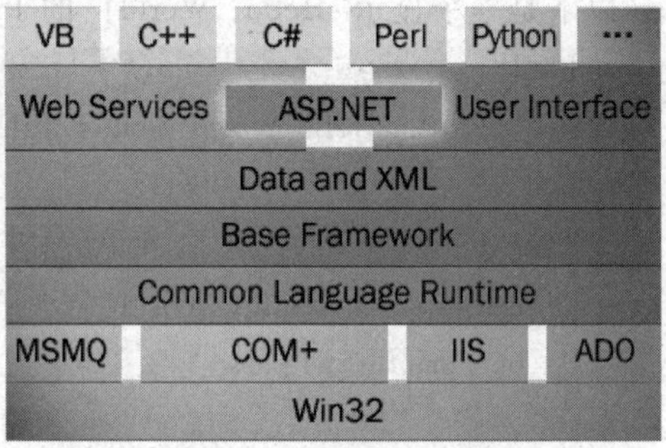

图 6-3 ASP. NET 在整个框架中的位置

此外,ASP. NET 还支持基于 Web 的设备(如移动电话、手持型计算机和个人数字助理 PDA)的移动控件的开发。

ASP. NET 网页是完全面向对象的。在 ASP. NET 网页中,可以使用属性、方法和事件来处理 HTML 元素。ASP. NET 页框架为响应在服务器上运行的代码中的客户机事件提供统一的模型,从而使用户不必考虑基于 Web 的应用程序中固有的客户机和服务器隔离的实现细节。该框架还会在页处理生命周期中自动维护页及该页上控件的状态。

使用 ASP. NET 页框架和控件框架还可以将常用的 UI 功能封装成易于使用且可重用的控件。控件只需编写一次,即可用于许多页并集成到 ASP. NET 网页中。这些控件在呈现期间放入 ASP. NET 网页中。

ASP. NET 页框架和控件框架还提供各种功能,以便可以通过主题和外观来控制网站的整体外观和感觉。可以先定义主题和外观,然后在页面级或控件级应用这些主题和外观。

6.3.2 ASP. NET 基本编程模型

ASP. NET 基本编程模型如图 6-4 所示。在 ASP. NET 编程中,开发者在 Web Form 上拖放控件,完成想要的页面布局,用于和用户进行交互;Page 类是所有 Web Form 类的父类,Page 类的编程模型非常复杂,这是由身上繁重的任务决定的:Page 类必须应用用户个性化信息,应用主题,初始化和组织内部的控件,为控件加载和保存视图状态,为控件加载回传数据,引发控件回传,组织页面呈现内容并最终通过 HtmlTextWriter 输出结果。

在 ASP. NET 的基本编程模型中,用户的自定义页面 apsx 从 Page 父类继承。同时为了让开发逻辑更加清晰,ASP. NET 不再使用功能有限的类似 JavaScript 的脚本语言进行逻辑代码的编写,而是采用了面向对象语言如 C#、VB 和 C++等,采用编译的方式,让代码的执行效率和功能获得了突破。ASP. NET 形成了两个文件 aspx 和 aspx. cs(或 vb)文件。

在代码分离的 cs 和 vb 文件中包含了绝大多数的业务逻辑,这些逻辑可以通过 ADO. NET 为

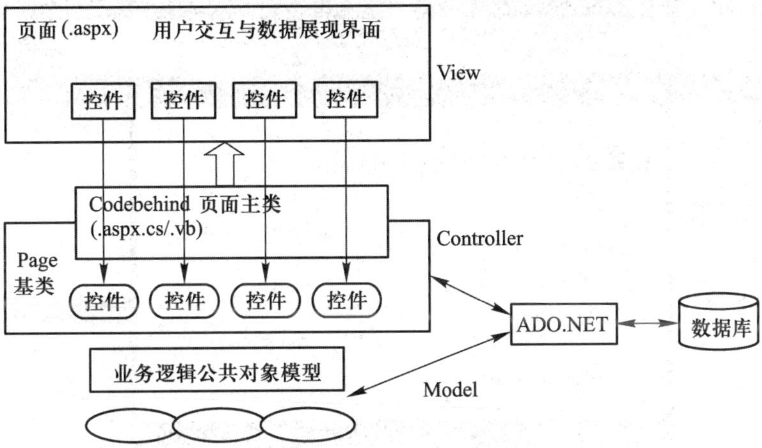

图 6-4 ASP.NET 基本编程模型

顶层的页面和相关控件提供所需要的数据。而 ADO.NET 封装了用户访问数据库所需的一切，包括数据库连接方式、DataSet 数据集和相应的数据绑定技术。

ASP.NET 是基于微软的.NET 框架的，ASP.NET 的运行离不开.NET 框架提供的强大支持。.NET 框架包括了两个关键组成元素：Common Language Runtime（公共语言运行时）和.NET Framework Class Library（.NET 框架类库）。前者用于提供内存管理、代码安全性检测等功能，后者用于提供大量应用类库、提高开发效率。ASP.NET 采用 C#或 VB.NET 语言来使用.NET 框架提供的业务逻辑对象。

6.3.3 ASP.NET 开发环境

开发 ASP.NET 程序最强大的工具应该是 Visual Studio.NET（简称 VS.NET），它为开发者提供了一个所见即所得的集成开发环境，可以让用户方便高效地开发大型应用程序。

Visual Studio.NET 是一套完整的开发工具集，用于生成 ASP.NET Web 应用程序、XML Web Services、桌面应用程序和移动应用程序等各类应用程序。Visual Basic、Visual C++、Visual C# 和 Visual J#全都使用相同的集成开发环境，利用此 IDE 可以共享工具且有助于创建混合语言解决方案。另外，这些语言利用了.NET Framework 的功能，通过此框架可使用简化 Web 应用程序和 XML Web Services 开发的关键技术。

本小节以 Visual Studio 2010（以下简称 VS2010）为例说明 ASP.NET 的基本开发过程。

当打开 VS2010 时，将出现如图 6-5 所示的起始窗口。

注意：根据用户个人习惯以及所打开项目类型或文件的不同，停靠窗口的排列也可能各不相同，用户可以选择主菜单的 View 菜单来选择要显示的窗口，或拖动窗口让它停靠在不同的位置。

在起始窗口中，用户可以新建项目，随后出现如图 6-6 所示窗口。用户可选择开发 Web 程序所用语言以及所开发的项目类型。若选择 Visual C#语言下的 Web 项目类型，在中间窗格中选择 ASP.NET Web Application，然后可以改变项目名称、保存位置等信息，最后单击 OK 按钮确认。

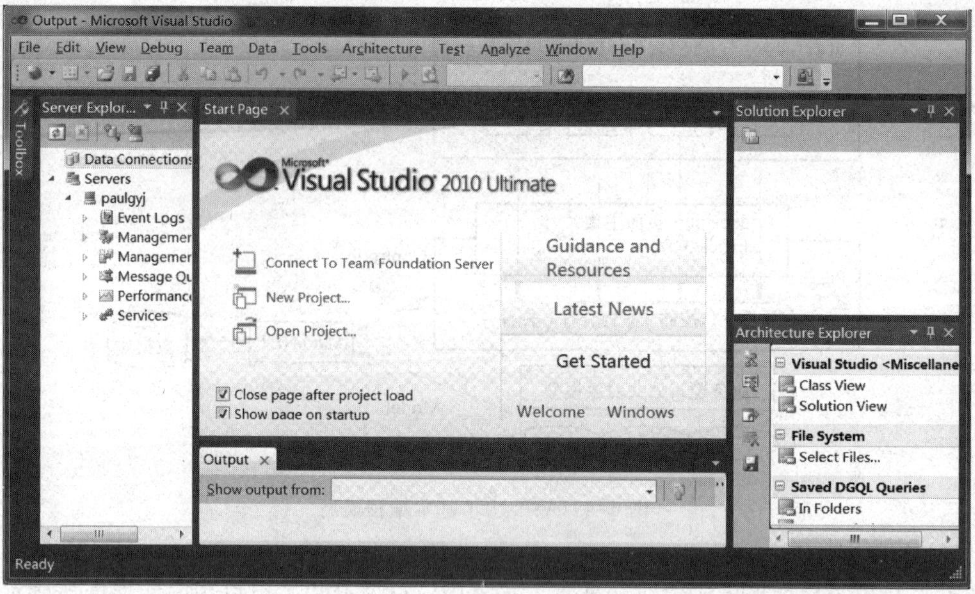

图 6-5　Visual Studio 2010 起始窗口

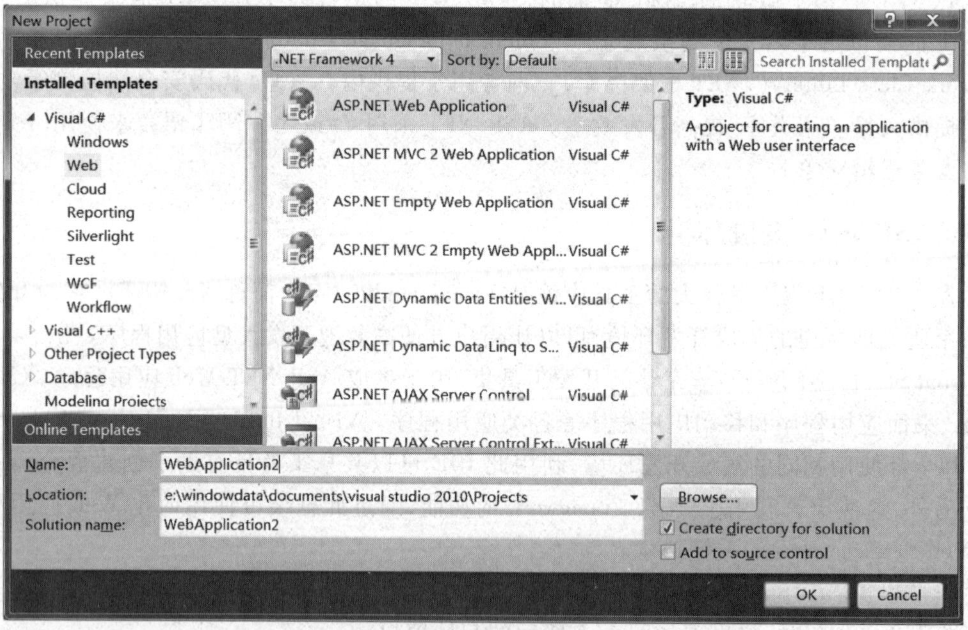

图 6-6　新建 Web 项目

新建的 Web 项目中默认有个 Default. aspx 文件，是新建项目的首页。初学者为了更直观地看到设计开发结果，建议选择“Split”将编辑窗口分割为两部分，一部分是源码部分，如图 6-7 的上半部，显示的是 HTML 代码；另外一部分是设计部分，用户可以直接看到最终在浏览器中的显示效果。

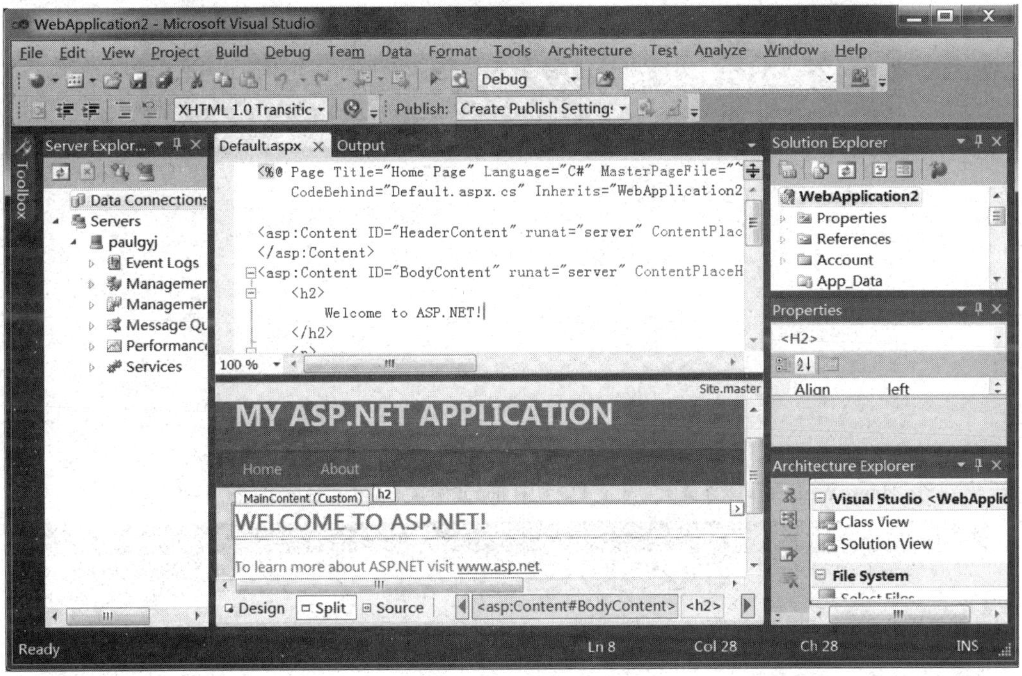

图 6-7　同时显示设计窗口和源码窗口

在编辑窗口,用户可以按照自己的设计进行 C#后台代码的编写或前端网页设计,可以通过在项目上单击右键,在快捷菜单中选择“View in Browser”从而调用默认浏览器查看设计效果,如图 6-8 和图 6-9 所示。

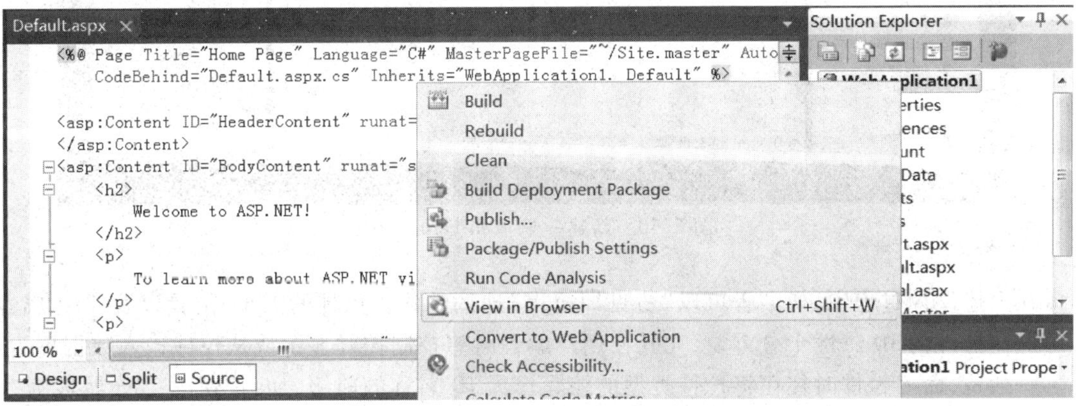

图 6-8　调用浏览器查看设计效果

6.3.4　ASP.NET 网页开发简单示例

初学者在安装完 VS2010 之后,就可以试着开发一个简单的 Web 应用程序了。打开 VS2010,选择文件→新建,选择一个 Web Form 窗体,输入相关的项目名。本例的项目名为Demo,

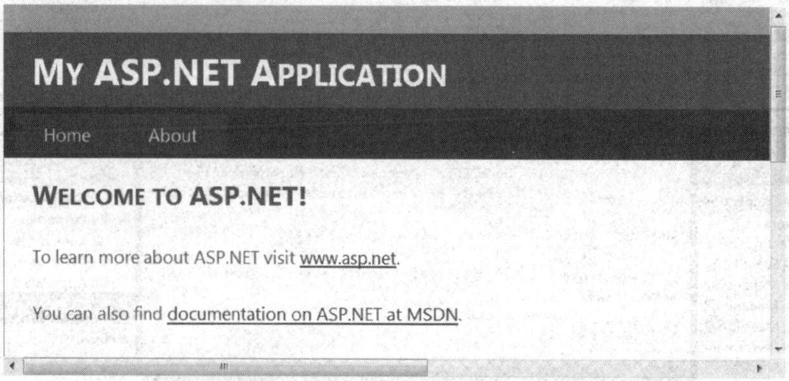

图 6-9 浏览器显示的 ASP.NET 网页效果

然后新建一个 DemoWebForm 窗体。从工具栏中拖动相关控件，完成如图 6-10 所示。

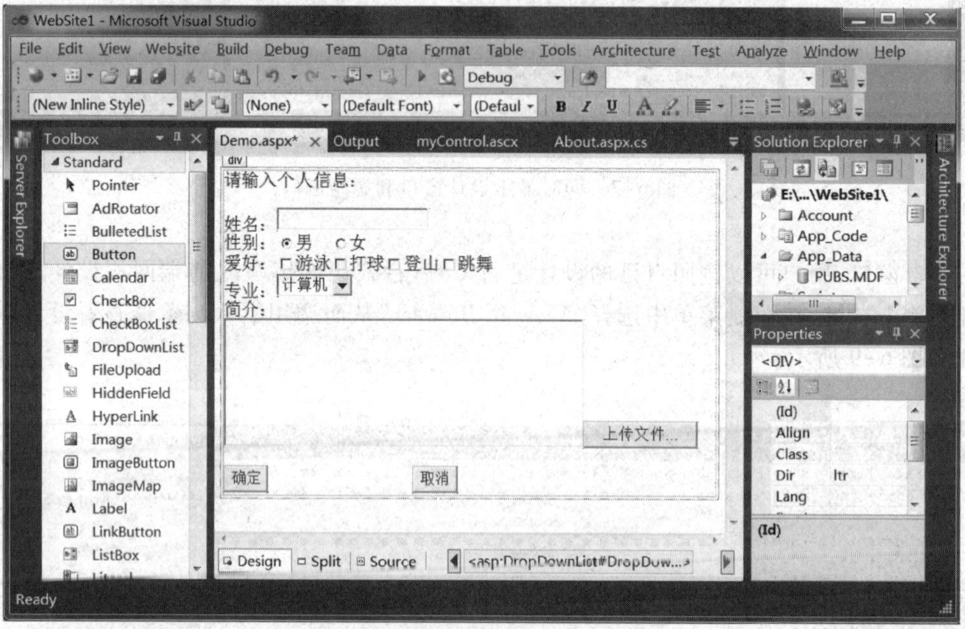

图 6-10 新建一个 Web Form 窗体

在上述设计过程中，初学者可以"所见即所得"地调整各种控件的大小、位置以及 Text 属性。其中这些控件的 ID 属性十分重要，尤其在用户编程时想控制控件显示或从控件输入数据更为重要。一般地，命名控件时往往将控件类型的缩写作为 ID 名称的前缀，如：按钮的 Text 属性为"确定"，ID 为"btnOk"。用于输入姓名的文本框的 ID 为"txtName"等。有些控件如 DropDownList 会有一个数据列表供用户编辑，这个数据可以来源于一个数据源控件，也可以由用户手工输入。

有了按钮，读者往往急于想为按钮添加"单击"事件处理程序。这是一般 Windows 应用程序开发者比较熟悉的行为。Web Form 的事件处理程序保持了 Win Form 程序相同的编程风格。如果读者在 VS2010 设计界面双击"确定"按钮，就会发现 VS2010 自动为用户打开了一个新的文件 DemoWebForm.aspx.cs，然后光标在该文件中新添的函数 protected void btnOk_Click(object sender, EventArgs e)的函数体中闪烁,等待用户输入 btnOk_Click 事件的响应代码。但是用户发现,除了这个新添加的 btnOk_Click 事件处理函数之外,系统还自动为我们添加了一个 protected void Page_Load(object sender, EventArgs e)事件处理函数。这个事件处理函数是一个非常重要和常用的函数,是页面加载的时候触发的事件。往往用于给页面的控件提供初始化数据,比如从数据库中读取相关数据绑定到控件中,显示给用户。

用户可以在按钮“取消”“上传文件...”上双击,就会发现系统自动为用户添加了 protected void btnCancel_Click(object sender, EventArgs e)事件处理函数和 protected void btnUpload_Click(object sender, EventArgs e)事件处理函数。用户可以在这两个函数中添加实际的代码进行相应的处理。

在 DemoWebForm.aspx.cs 文件中,用 using 关键词导入本文件需要用到的命名空间。由于开发的是 Web 程序,因此 System.Web 和 System.Web.UI 必不可少。还用到了相关控件,因此还需要 System.Web.UI.WebControls 命名空间。这些命名空间往往由系统自动加入,也可以由用户在后面的开发中根据需要加入。

```
DemoWebForm.aspx.cs 文件内容:
using System;
using System.Collections.Generic;
using System.Linq;
using System.Web;
using System.Web.UI;
using System.Web.UI.WebControls;
namespace Demo
{
    public partial class DemoWebForm : System.Web.UI.Page
    {
        protected void Page_Load(object sender, EventArgs e)
        {        }      //这里往往对控件数据进行初始化
        protected void btnOk_Click(object sender, EventArgs e)
        {        }      //用户单击“确定”按钮后的动作
        protected void btnCancel_Click(object sender, EventArgs e)
        {        }      //用户单击“取消”按钮后的动作
        protected void btnUpload_Click(object sender, EventArgs e)
        {        }      //用户单击“文件上传”按钮后的动作
    }
}
```

除了了解 DemoWebForm.asp.cs 文件的内容之外,用户还需要了解 aspx 文件的内容,即混合了 HTML 和 asp 脚本代码的源代码。

在 ASP.NET 中需要在<% %>符号对当中把相关的指令包围起来。比如,这里的代码是:<%@ Page Language="C#" AutoEventWireup="true" CodeBehind="DemoWebForm.aspx.cs" Inherits="Demo. DemoWebForm" %>。其中,@ Page 表示所使用的是 page 页面,也就是所谓的 aspx 页面。language 表示当前所使用的语言,此处为 C#,而 AutoEventWireup 指的是是否页面自动事件回传。CodeBehind 指的代码隐藏,也叫代码分离,也就是一些逻辑代码被放在了 DemoWebForm. aspx. cs 中,在生成网站时该 CS 文件会自动生成 dll 文件,达到了看不到源码的目的,并且提高了效率。一般该名字的命名为同名 aspx 页面后加 . cs。一般情况下,为了达到代码的复用性,cs 或 aspx 中的类免不了要继承某一个类的,所以 Inherits 参数指明了要继承的类名。

在 aspx 文件的其他部分,比较重要的一个标记是 runat="server",表明这是个服务器控件。

DemoWebForm. apsx 文件的内容:

```
<%@ Page Language="C#" AutoEventWireup="true" CodeBehind="DemoWebForm.aspx.cs"
Inherits="Demo.DemoWebForm" %>
<!DOCTYPE html PUBLIC "-//W3C//DTD XHTML 1.0 Transitional//EN"
"http://www.w3.org/TR/xhtml1/DTD/xhtml1-transitional.dtd">
<html xmlns="http://www.w3.org/1999/xhtml">
<head runat="server">
<title></title>
</head><body>
  <form id="form1" runat="server">
  <div>     请输入个人信息:<br />
    姓名:<asp:TextBox ID="TextBox1" runat="server"></asp:TextBox>        <br />
    性别:<asp:RadioButton ID="RadioButton1" runat="server" Checked="True" Text=
         "男" /> 
         <asp:RadioButton ID="RadioButton2" runat="server" Text="女" /><br />
    爱好:<asp:CheckBox ID="CheckBox1" runat="server" Text="游泳" /> 
         <asp:CheckBox ID="CheckBox2" runat="server" Text="打球" /> 
         <asp:CheckBox ID="CheckBox3" runat="server" Text="登山" /> 
         <asp:CheckBox ID="CheckBox4" runat="server" Text="跳舞" />
    <br />
    专业:<asp:DropDownList ID="DropDownList1" runat="server">
         <asp:ListItem>计算机</asp:ListItem>
         <asp:ListItem>法律</asp:ListItem>
         <asp:ListItem>电子</asp:ListItem>
         <asp:ListItem>生物</asp:ListItem>
         <asp:ListItem>会计</asp:ListItem>
         <asp:ListItem>地质</asp:ListItem>
         <asp:ListItem>物理</asp:ListItem>
         <asp:ListItem>地理</asp:ListItem>
```

```
    </asp:DropDownList>
    <br /> <br />简介:<br />
    <asp:TextBox ID="TextBox2" runat="server" Height="70px" Rows="5"
        Width="369px"></asp:TextBox>
    <asp:Button ID="btnUpload" runat="server" Height="32px" Text="上传文件..."
        Width="91px" /> <br /> <br />
    <asp:Button ID="btnOk" runat="server" Text="确定" />
              
    <asp:Button ID="btnCancel" runat="server" Text="取消" />   
    <br />
    </div></form></body></html>
```

6.4 PHP 语言基本概念和原理

6.4.1 PHP 语言简介

PHP 是由 Rasmus Lerdorf 于 1994 年创建的,最初只是一个简单的用 Perl 语言编写的程序,用来统计网站的访问者情况。后来又用 C 语言重新编写,增加了数据库访问功能。在 1995 年以 Personal Home Page Tools (PHP Tools)的名称开始对外发表第一个版本,Lerdorf 写了一些介绍此程序的文档,并且发布了 PHP 1.0。在这个早期的版本中,提供了访客留言本、访客计数器等简单的功能。1995 年年中,PHP 2.0 发布。第二版定名为 PHP/FI(Form Interpreter)。PHP/FI 加入了对 MySQL 的支持。1997 年年中,开始了第三版 PHP 3.0 的开发计划。

2000 年,PHP 4.0 问世,其中增加了许多新的特性。PHP 4.0 整个脚本程序的核心大幅更新,使程序的执行速度更快,而且还有更强的新功能、更丰富的函数库。

总之,目前的 PHP 语言是一种服务器端、跨平台、HTML 嵌入式的脚本语言。其独特的语法混合了 C 语言、Java 语言和 Perl 语言的特点,是一种被广泛应用的开源式多用途脚本语言,尤其适合 Web 开发。

总的来说,它有以下几个方面的优点:

(1) 支持的数据库非常广泛,大到 Sybase、MySQL、Oracle,小到 Access 都支持。

(2) 跨平台性非常好,支持 Windows 系列操作系统,Linux 操作系统和 Unix 操作系统。同时支持多种 Web 服务器。

(3) 开源软件,升级更新速度非常快。

(4) 免费软件,无须花钱购买。同时与 Linux、Apache、MySQL 构成性价比最高的 Web 系统。

(5) PHP 5.0 有成熟的面向对象体系,能够适应基本的面向对象要求,适合开发大型项目。

最早的 PHP 语言是纯粹的过程化的,通过界定符与 HTML 区别并与 HTML 嵌套,实现动态的数据处理。一个典型的早期 PHP 代码例子如下:

```
<HTML>
<HEAD><TITLE>My Page</TITLE></HEAD>
<BODY>
Hello, <? PHP echo"Michael";? >, Welcome to my site!
</BODY>
</HTML>
```

其中,<? PHP 与? >是 PHP 的界定符,它们之间的代码即为 PHP 代码,可以动态的返回需要的数据。同时也可以与数据库连接实现数据库的操作。

在 Internet 早期,一个 HTML 文件的大小并不是很大,业务逻辑也相对简单,在这种情况下,HTML 代码与 PHP 代码混合编写还比较容易。但随着网络的发展,HTML 文件的大小暴增,业务逻辑也越来越复杂。这时逻辑代码与表现代码的嵌套在实际中就显得相当困难。比如,仅仅是一些下拉选择框初始值的确定就需要大量代码来实现。

此时,数据层、逻辑层、表现层的概念还没有一个界定和区别,完全是混合在一起的。随着对程序代码与 HTML 分离的迫切要求,“模板”技术应运产生。“模板”技术实际上是结合了 HTML 和脚本语言特征的一种表达方式,逻辑层和表现层依靠模板联系。模板技术基本上单纯地实现了 PHP 代码与 HTML 代码的分离,使得美工和程序员之间的矛盾得到了极大的缓解。

在 PHP3 中,此类模板技术的典型代表是 Fast Template。代码例子如下:

模板文件:

```
<HTML>
<HEAD><TITLE> {title} </TITLE></HEAD>
<BODY>
{greetings}
</BODY>
</HTML>
```

PHP 代码:

```
<? PHP
$ft=new Fasttemplate;    //实例化模板类
……
$ft->Parse(array("title"=>"Hello","greetings"=>"Welcome to my site!")); //对模板
                                                                        //变量赋值
……
? >
```

上述例子,模板文件中的{title}{greetings}看作是一个标记,可以被替换成不同的值。PHP 代码中,通过 Fast template 对{title}{greetings}动态赋值,这些标记分别被“Hello”和“Welcome to my site!”替换,从而实现了程序代码与 HTML 代码的分离。与此类似地,一些模板技术的原理都是将模板读入内存,然后调用相关函数,用数据对预置的标记进行替换。

此时,应用程序的逻辑层和表现层虽然能够被清晰地界定,但表现层仅仅是一个标记的匹配和替换,大量的页面上的布局和判断仍然需要在 PHP 中处理和确定,所以程序员还需要处理一

些显示上的问题。可以说这是一种不彻底的分离。

随后出现的 Smarty 模板技术将 PHP 代码和 HTML 代码分离得更为彻底。

Smarty 将逻辑判断和循环、赋值、配置文件等引入到模板中，使得开发人员可以用一个更为通用的模板来实现表现层，不用将显示上的逻辑判断送到 PHP 的逻辑层中进行，也不用为了实现代码的分离而因一个小小的显示上的改变重新建一个模板，开发人员所做的仅仅是提取、组织、处理好需要的数据，然后通过 Smarty 分配到模板，这些数据怎样显示，显示多少，完全交由显示逻辑处理。这样，PHP 的程序代码和 HTML 代码就可以更彻底地分离，不仅简化了工作复杂度，也更有利于分工协作。

6.4.2　PHP 的工作原理

一个完整的 PHP 系统由以下几个部分构成：

- 服务器——搭建 PHP 运行环境时所选择的服务器。PHP 支持多种服务器软件，包括 Apache、IIS 等。
- PHP 引擎——实现对 PHP 文件的解析和编译。
- 数据库系统——实现系统中数据的存储。PHP 支持多种数据库系统，包括 MySQL、SQL Server、Oracle 及 DB2 等。
- 浏览器——浏览网页。由于 PHP 在发送到浏览器的时候已经被解析器编译成 HTML 代码，所以 PHP 对浏览器没有任何限制。

图 6-11 完整地展示了用户通过浏览器访问 PHP 网站系统的全过程，从图中可以更加清晰地了解它们之间的关系。

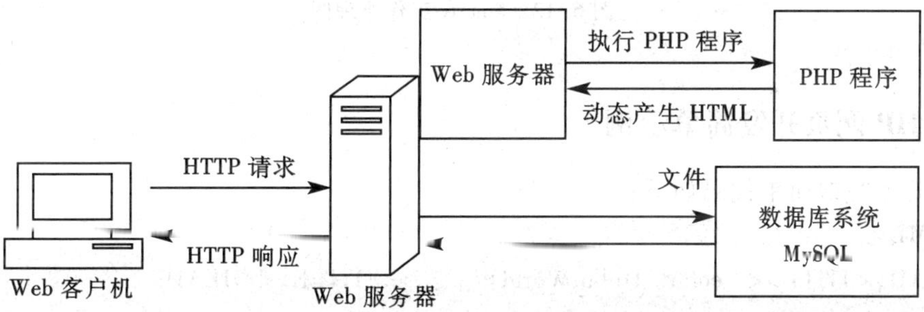

图 6-11　PHP 的工作原理

PHP 语言和 HTML 语言共同存在于一个. php 文件中，PHP 的所有应用程序都是通过 Web 服务器（如 IIS 或 Apache）和 PHP 引擎程序解释执行完成的，其工作过程如下：

（1）当用户在浏览器地址中输入要访问的 PHP 页面文件名并回车就会触发这个 PHP 请求，并将请求传送给支持 PHP 的 Web 服务器。

（2）Web 服务器接受这个请求，并根据其后缀进行判断：如果是一个 PHP 请求，Web 服务器从硬盘或内存中取出用户要访问的 PHP 应用程序，并将其发送给 PHP 引擎程序。

（3）PHP 引擎程序将会对 Web 服务器传送过来的文件从头到尾进行扫描并根据命令从后台读取，处理数据，并动态地生成相应的 HTML 页面。

(4) PHP 引擎将生成的 HTML 页面返回给 Web 服务器。Web 服务器再将 HTML 页面返回给客户机浏览器。整个 PHP 脚本的解释过程均在服务器端进行,客户机浏览器只能看到从服务器返回的 HTML 页面。

如果用户采用了 Smarty 模板技术,服务器在接到浏览器请求之后,先判断是否是第一次请求该 URL,如果是,将该 URL 所需模板文件“编译”成脚本,然后重定向到脚本文件;如果不是,则表示该模板已经编译过,可以马上重定向到对应脚本文件。这样,除了第一次编译成本比较高之外,其他的访问省去了大量编译时间。同时,Smarty 还具有 Cache 技术,对页面生成静态缓存,可以适应更为严格的运行要求。Smarty 模板引擎的工作原理如图 6-12 所示。

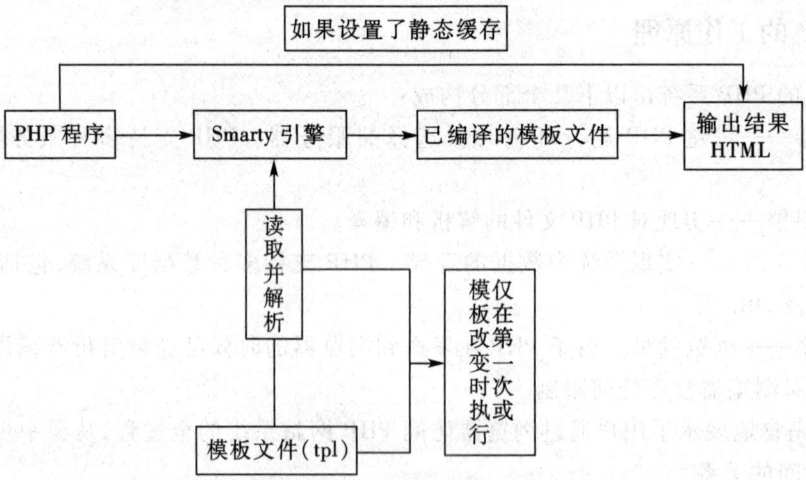

图 6-12 Smarty 工作原理图

6.4.3 PHP 网页开发简单示例

用 PHP 编写的简单代码如下:

```
<HTML>
<HEAD><TITLE><? echo "Hello World!"; ? ></TITLE></HEAD>
<BODY>
<H1>First PHP page</H1>
<HR>
<? / *  块注释:打印信息  * /
//类 C 语言行注释
$today = date("Y-m-d G:i:s");
echo "<CENTER>今天是: $today. </CENTER>";
? >
```

```
# Unix 类型的行注释
? >
</BODY>
</HTML>
PHP 代码可以用下列方式插入在 HTML 代码中：
<? . . . ? >
<? php . . . ? >
<script language = "php" > . . . </script>
<% . . . % >
```

当使用“<? . . . ? >”将 PHP 代码嵌入 HTML 文件中时，可能会同 XML 发生冲突，同时，能否使用这一缩减形式还取决于 PHP 本身的设置。为了适应 XML 和其他编辑器，可以在开始的问号后面加上“php”使 PHP 代码适应于 XML 分析器，如：“<? php. . . ? >”。也可以像写其他脚本语言那样使用脚本标记，如：“<script language = "php" > . . . </script>”。

PHP 支持 C 和 Unix 风格的注释方式：

- /* C 风格多行注释 */
- // C 风格单行注释
- # Unix 风格单行注释

上述代码中，$表示变量符号。而 date( ) 函数的参数为：

- Y——年，四位数字，如：1999。
- m——月份，二位数字，若不足二位则在前面补零，如：01 ~ 12。
- d——日，二位数字，若不足二位则前面补零，如：01 ~ 31。
- G——24 小时制的小时，不足二位不补零，如：0 ~ 23。
- i——分钟，如：00 ~ 59。
- s ——秒，如：00 ~ 59。

6.5 Ajax 基本概念和原理

6.5.1 Ajax 技术背景

2005 年 2 月，Adaptive Path 公司的 Jesse James Garrett 在网上发表了一篇名为《Ajax：一种 Web 应用程序开发的新方法》的文章，标志着 Ajax 技术的诞生。Ajax 的全称是 Asynchronous JavaScript and XML，表示异步 JavaScript+XML 的意思，它有别于传统的 Web 开发中采用的同步方式。

WWW 在早期的概念相对简单，就是用超文本技术和 URI（统一资源标识符）来构建一个基于 Internet 之上的信息应用。第一版 HTML 对于格式化和链接之外的事情关注得很少，它并不适用于构建交互性强的软件，只是一个用来共享最新的各种文字和图表信息的平台，这就是前面所说的静态页面技术。

随后，开发人员可以使用 JavaScript 语言对页面和用户之间进行交互控制，比如对于类似数据有效性验证的简单任务,就可以在浏览器端编程完成,不需要通过网络发给服务器进行验证。除了 JavaScript 之外,另外一个组成 Ajax 的关键技术——帧及隐藏帧技术的出现,使得浏览器对服务器的独立请求与显示处理变得更加灵活,更加有助于提高用户体验。帧表示一个完全独立的对服务器请求,一个 Web 页面可以由多个帧构成。而隐藏帧表示一个帧的宽度或高度为 0 像素,因此用户看不到该帧。隐藏帧可以包含一个 HTML 表单,表单中包含一些特定的字段,这些字段能够通过 JavaScript 实现动态填充,并将其发回到服务器。当返回该帧时,将会调用另一个 JavaScript 函数,以提示数据已经返回了。隐藏帧技术是 Web 应用系统中第一个异步请求/响应模型。

动态 HTML 技术比传统 HTML 更注重页面内容的显示方式,用户可以用 JavaScript 来修改已经载入页面的任何部分。再加上 CSS 层叠样式表的协助,Web 开发人员可以随时根据服务器的信息来更新页面的任何部分。

随着 Web 开发技术的进一步发展,HTML 在 4.0 以后版本中引入了 iframe 元素,出现了新一代隐藏帧技术——隐藏 iframe 技术。开发人员只需通过使用 CSS 在页面中放置隐形的 iframe,而不需要其他任何额外的 HTML 元素,就可以完成浏览器到服务器的通信。

2001 年,微软公司以 ActiveX 对象的形式引入了 XMLHttp 工具,目的是向开发人员提供一个实现浏览器 - 服务器交互的更好的工具。随后几乎所有的主流浏览器都通过将 XMLHttp 对象的主要方法和属性复制到浏览器的 XMLHttpRequest 对象中来支持这种技术,从而导致 Ajax 风格的页面在整个 Web 开发领域中迅速流行起来。

6.5.2 Ajax 技术的构成

通过前面的介绍,我们已经感觉到了 Ajax 并非一种新的技术,而是几种原有技术的结合体。实际上它的确是由下列技术组合而成的,包括:

- HTML/XHTML——主要的内容表示语言。
- CSS——为 XHTML 提供文本格式定义。
- DOM——对已载入的页面进行动态更新。
- XML——数据交换格式。
- XSLT——将 XML 转换为 XHTML(用 CSS 修饰其样式)。
- XMLHttp——用 XMLHttpRequest 来和服务器进行异步通信,是主要的通信代理。
- JavaScript——用来编写 Ajax 引擎的脚本语言。

实际上,在 Ajax 解决方案中这些技术都是可用的,不过只有三种是必需的:HTML/XHTML、DOM 以及 JavaScript。XHTML 显然是显示信息所必需的,而 DOM 则是在不重新载入 XHTML 页面的前提下修改其部分内容所必需的,JavaScript 则是初始化浏览器 - 服务器通信、操作 DOM 来更新网页所必需的。其他技术对于微调 Ajax 解决方案很有用,但不是必需的。

在上面几种技术中,除了 XMLHttpRequest 对象以外,其他所有的技术都是基于 Web 标准并且已经得到了广泛使用的,XMLHttpRequest 虽然目前还没有被 W3C 所采纳,但是它已经是一个事实的标准,因为目前几乎所有的主流浏览器都支持它。

XMLHttpRequest 对象的主要属性有:

- onreadystatechange　每次状态改变所触发事件的事件处理程序。

- responseText 从服务器进程返回数据的字符串形式。
- responseXML 从服务器进程返回的 DOM 兼容的文档数据对象。
- status 从服务器返回的数字代码,如 404(未找到)和 200(已就绪)。
- status Text 伴随状态码的字符串信息。
- readyState 对象状态值。对象状态值有如下几个:

0(未初始化) 对象已建立,但是尚未初始化,尚未调用 open 方法。

1(初始化) 对象已建立,尚未调用 send 方法。

2(发送数据) send 方法已调用,但是当前的状态及 http 头未知。

3(数据传送中) 已接收部分数据,因为响应及 http 头不全,这时通过 responseBody 和 responseText 获取部分数据会出现错误。

4(完成) 数据接收完毕,此时可以通过 responseXMl 和 responseText 获取完整的回应数据。

除了客户机端技术之外,还需要一个很重要的组件就是必要的服务器端处理逻辑。上文列出的所有技术都与客户机端的 Ajax 引擎直接相关,但如果没有一个稳定的、响应及时的服务器来向引擎发送内容,也就不会有 Ajax 的存在。不管用户将服务器端组件编写为 PHP 页面、Java Servlet 还是. NET 组件,只需要保证向 Ajax 引擎发送的数据格式是正确的即可。

6.5.3 Ajax 的工作原理

在传统的 Web 应用程序模型中,浏览器本身负责初始化到服务器的请求,并处理来自服务器的响应,而 Ajax 模型不同,它提供了一个中间层(称之为 Ajax 引擎)来处理这种通信。Ajax 引擎实际上只是一个 JavaScript 对象或函数,只有当信息必须从服务器上获得时才调用它。与传统的模型不同,不再需要为其他资源(诸如其他网页)提供链接,而是当需要调度和执行这些请求时,向 Ajax 引擎发出一个函数调用。这些请求都可以异步完成,这就意味着不必等收到响应之后就可以继续执行后续的代码,从而可以提升用户体验。

传统模式中,服务器响应浏览器的请求,向浏览器提供 HTML、图像、CSS 或 JavaScript 等数据,然后浏览器负责解释和显示这些数据。在 Ajax 模型中,服务器向 Ajax 引擎返回其可用的数据,这些数据可以是纯文本、XML 或者需要的任何格式,唯一的要求就是 Ajax 引擎能够理解和翻译这种数据。当 Ajax 引擎收到服务器响应时,它就会完成数据解析,并根据服务器提供的数据对用户界面做一些修改。由于这个过程中传送的信息不是整个页面而是需要更新的部分,因此所需数据量比传统的 Web 应用程序模型少得多,从而导致用户界面的更新速度会大大加快,用户也就能够更快地进行他们的工作。图 6-13 说明了传统 Web 应用程序模型和 Ajax 模型之间的区别。

在 Ajax 模型中,XMLHttpRequest 对象是一项关键功能,浏览器通过 XMLHttpRequest 对象来向服务器发出异步请求,从服务器获得数据,然后用 JavaScript 来操作 DOM 而更新页面。它是一种支持异步请求的技术,可以提供不重新加载页面的情况下更新网页的能力。XMLHttpRequest 对象提供了对 HTTP 的完全的访问,包括做出 POST 和 HEAD 请求以及普通的 GET 请求的能力。XMLHttpRequest 可以同步或异步返回 Web 服务器的响应,并且能以文本或者一个 DOM 文档的形式返回内容。尽管名为 XMLHttpRequest,但它并不限于只能和 XML 文档一起使用,它可以接收任何形式的文本文档。

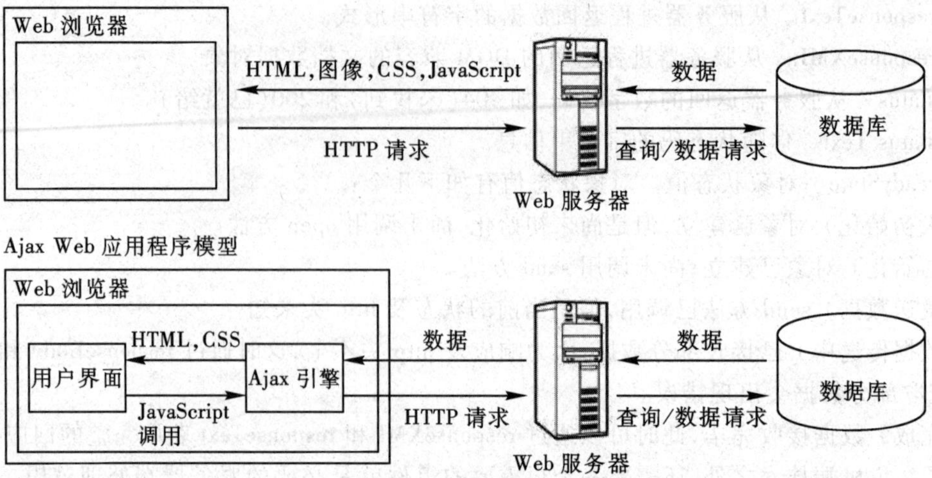

图 6-13 传统 Web 模型(上)与 Ajax 模型(下)

Ajax 技术的广泛流行与它所表现出来的优秀特性是不可分割的。其最大的优点是页面无刷新,在页面内与服务器通信,给用户的体验非常好。而且 Ajax 使用异步方式与服务器通信,不需要打断用户的操作,具有更加迅速的响应能力。利用 Ajax 技术,可以把以前一些服务器负担的工作转移到客户机,利用客户机闲置的能力来处理,减轻服务器和带宽的负担。此外,由于 Ajax 的原则是“按需取数据”,这可以最大限度地减少冗余请求和响应对浏览器、服务器造成的负担。此外,Ajax 是基于标准化的并被广泛支持的技术,不需要下载插件或者小程序。

6.5.4 Ajax 开发简单示例

在实际工作中使用 Ajax 技术时,往往需要编写大量的客户机端代码。因此往往会封装很多 Ajax 框架供开发者使用。作为初学者可以根据框架的容易掌握程度和功能来选择,但都需要付出额外的学习成本。本书由于篇幅和难度所限,这里仅给出一个简单的 Ajax 技术实现示例。该示例利用 Ajax 技术实现一个无全局刷新页面来验证一个用户名是否被注册过。

在页面中添加一个文本框标记用于输入用户名,添加一个按钮用于提交用户数据。验证的结果直接打印在页面上。

操作步骤如下:

(1) 打开 Visual Studio 2010 建立一个网站。

(2) 在 VS2010 工具箱的 HTML 栏中添加一个文本控件和一个按钮控件。

(3) 在<Head></Head>中加入<script type = "text/javascript" ></script>标记,以便进行 Ajax 引擎的编写,再定义一个 XMLHttpRequest 对象,但是并不进行初始化操作。如下代码所示:

```
var xmlhttp;
function Validation( )
{
```

```
        //实例化 XMLHttpRequest 对象
        xmlhttp =new ActiveXObject ("Microsoft. XMLHTTP");
        //找到名为"Text1"的文本框
        var name=document . getElementById ("Text1");
        //利用 Open 方法指定 URL
        //查询字符串"name",将文本框中的数据传送到目标页面
        xmlhttp. open("Post","AjaxDemo_1. aspx? name="+name. value);
        //设置当服务器响应返回时用于处理响应的函数名
        xmlhttp . onreadystatechange=OnMessageBack;
        //送发请求
        xmlhttp . send(null);
    }
```

(4) 添加 OnMessageBack()函数的内容。代码如下:

```
    functionOnMessageBack()
    {
        //判断请求状态及 HTTP 状态是否都能满足条件
        if (xmlhttp. readystate==4 && xmlhttp. status==200)
        {
            //将返回的文本打印到页面上
            document . write (xmlhttp . responsetext);
        }
    }
```

(5) 下面为 Button1 添加事件代码,将其标记修改为:

```
    <input id="Button1" type="button" value="button" onclick="Validation()" />
```

(6) 页面中的 Ajax 引擎已经编写完毕。在上述代码中,可以看到该用户名是通过一个名为"name"的查询字符串进行传递的,该查询字符串传递到服务器后需要进行后台处理,因此要对 AjaxDemo_1. aspx. cs 中的 Page_Load 方法添加一些 ADO. NET 代码。这里的数据库使用的是微软自带的 Northwind 示例数据库。代码如下所示:

```
    protected void Page_Load(object sender, EventArgs e)
    {
        string name =Request. QueryString["name"];
        if (name ! = null)
        {
            SqlConnection con = new SqlConnection("");    //改写实际数据库连接字符串
            SqlCommand com = new SqlCommand();
            com. CommandText = "";
            com. Parameters. Add("@ CustomerID",SqlDbType. NChar,5). Value =name;
            con. Open();
```

```
            int count = (int)com.ExecuteScalar();
            con.Close();
            if (count == 0)
                Response.Write("<script>alert('该用户可以用！');</script>");
            else Response.Write("<script>alert('该用户已经被占用，
                                    请使用其他用户名！');</script>");
        }
    }
```

这里要注意，当服务器利用 Response. Write( )方法向客户机发出响应后，客户机端的 Ajax 引擎就截获该响应流，并在用户事先定义的 OnMessageBack( )方法中进行处理。

小结

本章介绍了目前主流的动态网页技术。动态网页技术是在传统的静态网页技术的基础上发展而来的，尤其适合现代人们对网络信息的获取速度和用户体验的要求。本章主要介绍了 3 种动态网页技术：JSP、ASP. NET 和 PHP。分别介绍了这 3 种技术的产生背景和工作原理，并给出了简单示例，便于读者对这些技术有个形象的认识。最后介绍了目前非常流行的异步网页无刷新技术 Ajax。Ajax 不是一种全新的技术，而是基于原有的 Web 技术开发出来的一种 Web 交互的方法。这种方法最大的特点就是克服了传统 Web 页面刷新时需要回传全部页面元素的缺点。根据浏览器用户的个性化操作，在客户机和服务器之间异步传输必需的少量信息，从而提高用户的操作体验，加快页面显示过程。

习题

选择题

1. 下列不属于动态网页格式的是

A. ASP　　B. JSP　　C. ASPX　　D. VBS

2. 相对比较早出现的服务器端动态网页技术是

A. ASP　　B. CGI　　C. JSP　　D. JavaScript

3. PHP 中采用的模板技术是

A. Smarty　　B. Smart　　C. Templet　　D. Cache

4. 下列技术中控制文档结构的是

A. DOM　　B. CSS　　C. JavaScript　　D. XMLHttpRequest

5. 在 Ajax 的组成技术中，XMLHttpRequest 的主要作用是

A. 控制页面显示风格　　B. 控制文档结构

C. 控制通信　　D. 控制其他的三个对象

6. 下列语言中，不属于客户机端脚本语言的是

A. JavaScript　　B. PHP　　C. VBScript　　D. ActionScript

7. 下列构建 Web 网站的组合中，性价比最高的是

A. JSP+IIS+Oracle
B. ASP.NET + IIS + Microsoft SQL Server
C. PHP+Apache+MySQL
D. PHP+IIS+Oracle

8. 下列语言编写的代码中，在浏览器端执行的是

A. Web 页面中的 C#代码
B. Web 页面中的 Java 代码
C. Web 页面中的 PHP 代码
D. Web 页面中的 JavaScript 代码

9. 在 ASP.NET 中采用 Code Behind 代码隐藏技术分离 HTML 显示代码和业务逻辑代码，在 PHP 中采用的技术是

A. 模板技术
B. 静态缓存技术
C. PHP 引擎技术
D. 后台编译技术

10. 下列关于静态网页和动态网页的描述中，错误的是

A. 判断网页是静态还是动态的重要标志是看代码是否在服务器端运行
B. 静态网页不依赖数据库
C. 静态网页适合搜索引擎发现
D. 动态网页不依赖数据库

11. 下列关于 ASP.NET 的描述中，错误的是

A. ASP.NET 依赖于微软的.NET 框架
B. ASP.NET 采用纯面向对象语言比采用脚本语言的执行效率高
C. ASP.NET 采用代码分离技术有利于开发协作
D. ASP.NET 和 ASP 都采用了 JavaScript 编程语言

12. 关于微软的.NET 框架的描述中，正确的是

A. .NET 框架提供了一个公共语言运行时环境，提供内存管理
B. .NET 框架中的服务框架提供内存管理
C. .NET 框架提供标准语言库，从而提供内存管理
D. .NET 框架提供 Windows 应用程序模板，从而提供内存管理

13. 在 JSP 中，要定义一个方法需要用到的元素是

A. <%=　%>
B. <%　%>
C. <%!　%>
D. <%@　%>

14. 下列关于 JSP 程序的说法中，正确的是

A. JSP 是可以在服务器端和客户机端执行的程序
B. JSP 可以直接编译成 Java Class 文件
C. JSP 必须经过编译才能执行
D. JSP 每次运行都需要经过编译

15. 下列关于 Servlet 的说法中，正确的是

A. Servlet 和 JSP 所采用的编程语言是完全一致的，只是 JSP 更加简单易用
B. Servlet 可以在服务器端解释执行，也可以编译后再执行，编译后再执行的效率更高
C. 由于 Servlet 和 JSP 的编程模式不同，在实际应用中 Servlet 和 JSP 不能混合使用
D. Servlet 需要在程序开发完成后进行编译才能部署安装

附录1 全国计算机等级考试二级 Web 程序设计样题及参考答案

样题

一、单项选择题

1. 下列关于域名系统 DNS 的描述中,正确的是
   A）DNS 是完成主机名和域名之间的映射
   B）DNS 是完成主机名和 IP 地址之间的映射
   C）DNS 是完成域名和 IP 地址之间的映射
   D）DNS 是完成域名和 HTTP 之间的映射
2. 在字符串"http://www.sample.com:8080/login.htm"中,所用的访问协议是
   A）WWW　　B）http　　C）8080　　D）login.htm
3. 下列关于超级链接的描述中,正确的是
   A）只有文本可以设为超级链接　　B）只有音频可以设为超级链接
   C）只有视频可以设为超级链接　　D）以上都不对
4. 下列关于 Web 的工作原理描述中,错误的是
   A）HTTP 用于在服务器和浏览器之间传送网页数据
   B）浏览器负责网页数据的请求和显示
   C）服务器负责响应浏览器的请求
   D）HTTP 负责响应浏览器的请求
5. 根据 HTTP 标准定义,HTTP 通常监听的协议和端口号是
   A）TCP/80 端口　　B）UDP/80 端口
   C）ICMP/443 端口　　D）TELNET/443 端口
6. 下列关于 HTTP 消息格式的描述中,正确的是
   A）请求消息由状态行、消息头、消息体构成
   B）响应消息由开始行、状态行、消息头、消息体构成
   C）请求消息由开始行、消息头、消息体构成
   D）响应消息由开始行、消息头、消息体构成
7. 下列关于 HTML 文档标记中,表示页面标题的标记是
   A）<head></head>　　B）<header></header>
   C）<title></title>　　D）<caption></caption>
8. 在 HTML 文档中,引用外部样式表的语句应放置在
   A）<script></script>标签内　　B）<title></title>标签内

C) <head></head>标签内　　D) <body></body>标签内

9. 下列 HTML 标签中,能正确制作电子邮件链接的是

A) <a href="xxx@ yy">　　B) <mailto href="xxx@ yyy">

C) <a href="mailto:xXX@ yyy">　　D) <mail>xxx@ yyy</mail>

10. 下列 HTML 标签中,能正确产生复选框的是

A) <input type="radio">　　B) <input type="check">

C) <input type="checkbox">　　D) <input type="select">

11. 下列 HTML 标签中,能在新窗口中打开超链接的是

A) <a href="url" target="_self">　　B) <a href="url" target="_blank">

C) <a href="url" target="_top">　　D) <a href="url" target="default">

12. 下列 HTML 元素标签中,能建立有序列表的是

A) <ul>　　B) <li>　　C) <ol>　　D) <dl>

13. 层叠样式表 CSS 的英文单词全称是

A) Computer Style Sheet　　B) Cascade Style Sheet

C) Creative Style Sheet　　D) Colorful Style Sheet

14. 下列选项中,CSS 语法正确的是

A) body:color=black　　B) {body:color=black}

C) body{color:black}　　D) {body;color:black}

15. 在以下的 CSS 语句中,可使所有<p>元素变为粗体的是

A) <p style="font-size:bold">　　B) <p style="font-weightbold">

C) p{font-weightbold}　　D) p(font-size:bold}

16. 下列样式中,能使显示的超链接没有下画线的是

A) a{text-decoration:none}　　B) a{text-decoration:no underline}

C) a{underline:none}　　D) {decoration::none}

17. 下列属性中,能够控制元素字体名称的属性是

A) font-weight　　B) font-family　　C) font-size　　D) font-type

18. 下列标签中,不属于块元素的标签是

A) <div>　　B) <a>　　C) <p>　　D) <table>

19. 将 CSS 样式表的作用优先级从高到低排列,正确的顺序是

A) 文档层样式表、外部样式表、行内样式表

B) 行内样式表、文档层样式表、外部样式表

C) 文档层样式表、行内样式表、外部样式表

D) 行内样式表、外部样式表、文档层样式表

20. 在设置边框时,能够设置上边框 10 px、下边框 5 px、左边框 20 px、右边框 1 px 的语句是

A) border-width:10px 5px 20px 1px

B) border-width:10px 1px 20px 5px

C) border-width:10px 1px 5px 20px

D) border-width:10px 20px 5px 1px

21. 下列定义数组的语句中,正确的 JavaScript 语句是

A) var aa=new Array="george","tom","thomas"

B) var aa=new Array(1:"geigre",2:"tome",3:"thomas")

C) var aa=new Array("george","tome","thomas")

D) var aa=new Array[3]("george","john","thomas")

22. 以下获得客户浏览器名称的语句中,正确的是

A) client. navName　　B) navigator. appName

C) browser. navName　　D) browser. appName

23. 能够在 HTML 页面中输出 H_2O 的语句是

A) str="2";document. write("H"+str. sub()+"O");

B) str="2";document. write("H"+str. sup()+"O");

C) str="2";document. write(H+str. sub()+O);

D) str="2";documentwrite(H+str. sup()+O);

24. 当 input 控件失去焦点时触发的事件是

A) unfocus　　B) focus　　C) blur　　D) submit

25. 把6.25四舍五入为6的语句是

A) round(6.25)　　B) rnd(6.25)

C) Math. rnd(6.25)　　D) Math. round(6.25)

26. 获取当前时间的 JavaScript 语句是

A) new Date()

B) new Date(milliseconds)

C) new Date(dateString)

D) new Date(year,month[,day[,hour[,minute[,second[,millisecond]]]]])

27. 下列关于 break 语句的描述,错误的是

A) break 语句用于循环体内,它将退出该重循环

B) break 语句用于 switch 语句,表示退出该 switch 语句

C) break 语句用于 if 语句,表示退出该 if 语句

D) break 语句在一个循环体内可以使用多次

28. 下列关于 JSP 基本组成的说法,错误的是

A) 完整的 JSP 网页构成元素有:HTML 标记、JSP 标记、Java 脚本程序

B) JSP 以 HTML 为基础,将处理动态页面的部分嵌入到 HTML 标记中间,嵌入的代码以标记"<%"开始,以"%>"结束

C) JSP 标记包括 JSP 指令标记和 JSP 动作标记,它们除了功能不同外,在本质上 JSP 引擎对它们的处理模式是相同的

D) JSP 中通常会包含注释,它们是为了对程序进行必要的说明。JSP 中的注释有 HTML 注释和隐藏注释两种类型

29. 下列有关静态网页和动态网页的描述,错误的是

A) 网页上的滚动字幕一般不属于动态网页

B) 网页可以是静态网页和动态网页的混合

C) 静态网页文件往往以 htm 和 html 结尾

D) AJAX 是一种最新发展的静态网页技术

30. 下列关于 ASP. NET 的描述,错误的是

A) ASP. NET 只能采用 C#语言进行开发

B) ASP. NET 的页面文件后缀为 aspx

C) ASP. NET 主要运行在. NET Framework 上

D) ASP. NET 通常运行在 IIS 上

二、基本操作题

31. 设计一个 Web 应用程序，完成如下图所示的每日膳食建议表格页面。考生文件夹下 Web1 目录中的 1.html 文件已给出部分程序，但程序不完整，请对代码进行补充。

每日膳食建议表格

<table>
<tr><th colspan="2">早餐</th><th colspan="2">午餐</th><th colspan="2">晚餐</th></tr>
<tr><th>食物</th><th>建议量</th><th>食物</th><th>建议量</th><th>食物</th><th>建议量</th></tr>
<tr><td>全麦面包</td><td>2 片</td><td rowspan="2">米饭</td><td rowspan="2">1 碗</td><td>瘦肉</td><td>100 克</td></tr>
<tr><td>鸡蛋</td><td>1 个</td><td>蔬菜</td><td>200 克</td></tr>
<tr><td>水果</td><td>1 份</td><td colspan="2">查看午餐菜谱</td><td>豆腐</td><td>100 克</td></tr>
<tr><td colspan="2">小贴士：多喝水，保持身体健康</td><td>蔬菜汤</td><td>1 碗</td><td>水果</td><td>1 份</td></tr>
</table>

注：操作题仅提供题干内容，素材文件略。

32. 设计一个 Web 应用程序，完成如下图所示的 HTML 页面，要求当鼠标移动到运动选项上时，相应运动的字体加粗，颜色变为红色。考生文件夹下 Web2 目录中的 2.html 文件已给出部分程序，但程序不完整，请对代码进行补充。

注：操作题仅提供题干内容，素材文件略。

三、简单应用题

33. 设计一个 Web 应用程序，完成如下图所示的个人注册页面，要求：密码和确认密码隐藏显示；单击“选择文件”按钮只显示 jpg 和 png 两种文件格式。考生文件夹下 Web3 目录中的 3.html 文件已给出部分程序，但程序不完整，请对代码进行补充。

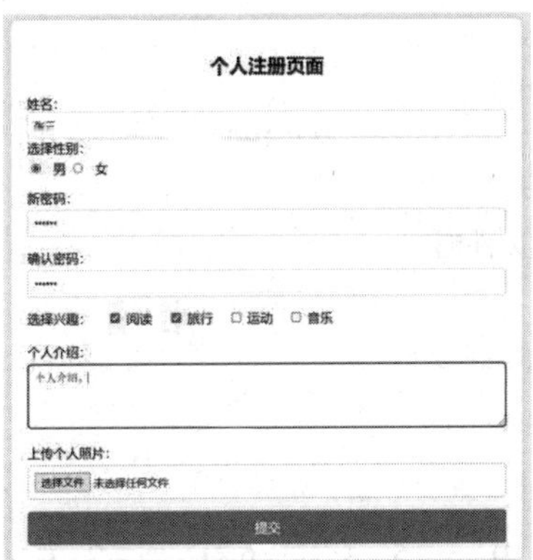

注：操作题仅提供题干内容，素材文件略。

34. 设计一个 Web 应用程序，完成如下图所示的房贷计算器页面。要求：输入贷款金额、年利率和贷款期限,单击"计算"按钮,页面下面显示每月还款金额。考生文件夹下 Web4 目录中的 4. html 文件已给出部分程序,但程序不完整,请对代码进行补充。

注:操作题仅提供题干内容,素材文件略。

四、综合应用题

35. 设计一个 Web 应用程序,完成如下图所示的购物车页面。要求:在商品列表中单击"加入购物车"按钮,在购物车内显示相应商品的商品名称、价格以及数量,并显示总价;单击"结账"按钮,弹出"结账成功"对话框。考生文件夹下 Web5 目录中的 5. html 文件已给出部分程序,但程序不完整,请对代码进行补充。

注:操作题仅提供题干内容,素材文件略。

参考答案

一、单项选择题

1. C	2. B	3. D	4. D	5. A	6. C	7. C	8. C	9. C	10. C
11. B	12. C	13. B	14. C	15. C	16. A	17. B	18. B	19. B	20. C
21. C	22. B	23. A	24. C	25. D	26. A	27. C	28. C	29. D	30. A

二、基本操作题

（略）

三、简单应用题

（略）

四、综合应用题

（略）

附录2 各章习题参考答案

第一章

1. B　2. B　3. A　4. B　5. D　6. C　7. C　8. A　9. D　10. A
11. B　12. B　13. D　14. C　15. C

第二章

1. C　2. B　3. D　4. A　5. B　6. C　7. B　8. D　9. C　10. A
11. D　12. C　13. B　14. D　15. D

第三章

1. C　2. D　3. C　4. C　5. C　6. D　7. B　8. A　9. D　10. C
11. B　12. C　13. B　14 C　15. A

第四章

1. B　2. D　3. B　4. D　5. C　6. C　7. D　8. A　9. C　10. C
11.B　12. A　13. D　14. D　15. B

第五章

1. A　2. C　3. D　4. A　5. B　6. A　7. C　8. D　9. B　10. C
11. B　12. D　13. A　14. D　15. D

第六章

1. D　2. B　3. A　4. A　5. C　6. B　7. C　8. D　9. A　10. D
11. D　12. A　13. B　14. C　15. D